高等学校交通运输与工程类专业教材建设委员会规划教材

测量学实验与实习

沈照庆　主编

人民交通出版社

北京

内 容 提 要

本书是沈照庆主编的《测量学》(第6版)的配套教材,旨在通过实验教学与综合实习,巩固和深化学生对测量学理论知识的理解,培养其实际操作技能和独立工作能力。本书对测量学实验与实习的理论、仪器、方法、数据处理以及实践性环节进行了较为完整的介绍,并设计了相应的实验报告供教学使用。

全书共四章。第一章为测量学实验与实习概述;第二章为测量学课间实验,包括九个课间实验;第三章为测量学野外综合实习;第四章为考核与评价。

本书可作为高等院校非测绘类专业基础课教材,适用于交通工程、土木工程、水利工程、地质工程等专业的本科生教学,也可供其他相关专业和相关工程技术人员参考。

图书在版编目(CIP)数据

测量学实验与实习 / 沈照庆主编. — 北京:人民交通出版社股份有限公司, 2025.3. — ISBN 978-7-114-20257-5

Ⅰ. P2-33

中国国家版本馆 CIP 数据核字第 2025FR3656 号

Celiangxue Shiyan yu Shixi

书　　　名:**测量学实验与实习**

著　作　者:沈照庆

责任编辑:李　晴　王　涵

责任校对:赵媛媛　魏佳宁

责任印制:张　凯

出版发行:人民交通出版社

地　　　址:(100011)北京市朝阳区安定门外外馆斜街 3 号

网　　　址:http://www.ccpcl.com.cn

销售电话:(010)85285911

总 经 销:人民交通出版社发行部

经　　　销:各地新华书店

印　　　刷:北京建宏印刷有限公司

开　　　本:787×1092　1/16

印　　　张:5.5

字　　　数:130 千

版　　　次:2025 年 3 月　第 1 版

印　　　次:2025 年 3 月　第 1 次印刷

书　　　号:ISBN 978-7-114-20257-5

定　　　价:30.00 元

前言

测绘技术的发展日新月异,大量超级工程的建设急需动手实践能力强的大国工匠。本书全面系统地介绍了测量学实验与实习的各个环节,以期为非测绘类相关工程专业的学生提供一本实用性强、内容丰富的实践指导教材,巩固测量学课堂理论知识,提高解决实际工程问题的能力。本书的编写注重测量学实验与实习内容的实用性和可操作性,同时还融入了全球导航卫星系统(Global Navigation Satellite System,GNSS)等先进测绘技术和方法,不仅能够巩固和拓展在课堂上所学的理论知识,还通过丰富的实验和实习内容,使学生获得实际测量工作的初步经验和基本技能,进一步提高学生的独立工作能力、仪器操作技能和数据处理能力。

本书内容丰富全面,涵盖了测量学课间实验与野外综合实习的主要内容,包括水准测量、角度测量、距离测量、控制测量、数字地形图测绘等。本书所设计的实习环节逻辑合理,实习内容标准规范,如仪器的使用、数据的记录与处理、成果的检核等,培养学生严谨规范的工程素养;书中配有大量插图和表格,以帮助学生更好地理解测量原理和操作方法。书中每个实验和实习项目都附有详细的操作步骤和注意事项,在团结协作的基础上,确保每位学生都能独立完成实验和实习的各环节。

本书由长安大学沈照庆主编,第一章、第二章由沈照庆编写;第三章由沈照庆、赵永平编写;第四章由赵永平编写。全书由沈照庆统稿、定稿。

在本书编写过程中,得到了校内外广大专家和师生的大力支持和帮助,人民交通出版社的专家提出了许多宝贵的意见和建议,使本书更加完善。在此,我们表示衷心的感谢。

　　限于作者水平,本书存在不足之处在所难免,恳请读者批评指正。

编　者

2024 年 11 月

目录

第一章

测量学实验与实习概述

第一节 目的与要求

1. 目的

测量学实验和实习是"测量学"课程的重要组成部分,是巩固并深化理解理论知识的重要教学环节。通过实验与实习,使学生掌握测量的基本方法和技能,提高绘图和计算水平,锻炼分析和解决实际问题的能力,并培养吃苦耐劳、诚实守信、认真负责、团结协作的工作作风,为未来的职业生涯奠定基础。

测量学实验与实习的总要求是:每位学生均需轮流完成实习中的每一项具体的测绘工作,在保质、保量、按时完成规定测绘任务的前提下,交付成果资料。

2. 能力培养要求

测量学实验与实习的主要目的是巩固、拓展与深化测量学理论知识,获得测量实际工作的初步经验和基本技能,着重培养独立工作能力,使学生能够进一步熟练掌握测量仪器的操作技能,提高计算和绘图能力,并对测绘小区域大比例尺地形图的全过程形成全面而系统的认识。因此,实验与实习教学结束后,学生应达到以下要求:

(1)能够熟练掌握全站仪、水准仪等仪器的使用方法;掌握角度、距离及高程的测定和测设方法。

（2）掌握控制测量、大比例尺数字地形图测绘的原理和方法。

在教学中，应着重培养学生独立工作的能力，加强集体主义精神和爱护国家财产的教育，使学生得到全面的锻炼和提高。

第二节　测量仪器使用规范

测量仪器的主要使用规范介绍如下。

（1）仪器的借出归还均需登记签字，责任到人。各小组领用的仪器应由专人保管。遗失或损坏者，需按规定赔偿，并视情节严重程度上报学校处理。

（2）仪器取出后应盖上箱子，以免仪器进水、摔坏或遗失仪器配件。全站仪、全球导航卫星系统（Global Navigation Satellite System，GNSS）接收机、手簿等电子设备用完后应关机并装箱。

（3）全站仪、经纬仪、水准仪等仪器装箱前，应将水平制动螺旋和竖直制动螺旋打开。禁止坐在脚架、水准尺等仪器和仪器箱上。

（4）测量换站时，仪器应装箱后迁移。每天测量工作完成后应清点检查仪器，并给电池充电；带好小钢尺、尺垫、记录板等物品，不得遗漏。

（5）仪器安置后，仪器旁必须有人，做到"人不离仪器"。仪器、棱镜等物品易碎，注意防摔。脚架、水准尺、棱镜杆等不用时应平放在地上，不得竖放，以免因摔倒而损坏。

（6）转动全站仪、水准仪等仪器的望远镜时，应先将制动螺旋打开，转动困难时不可强制硬拧，应查明原因后再使用，以免损坏仪器。

（7）发现仪器有问题时，应及时向指导老师汇报，不得擅自处理。

（8）爱护测量仪器，操作应遵循仪器的使用须知。实习过程中应严肃认真，不得嬉戏打闹。

第三节　测量学实验与实习须知

1．基本规定

测量学实验与实习（以下简称实习）中应遵循以下基本规定。

（1）实习前应了解实习内容。提前预习指导老师提供的实习资料，准备好教材、学习资料、文具等用品。

（2）实习小组采用组长负责制。各组员应服从组长分配，团结协作，各司其职。遇到问题时，应心平气和、协商解决，若矛盾无法自行解决应及时向指导老师汇报。

（3）记录数据应真实、准确、整洁。观测员报出测量数据后，记录员必须大声复述回应，以免听错记错。所有原始记录表格必须用铅笔记录，不得使用橡皮擦。修改数据可用横线划掉重写（保证可以看清修改前的数据）。原始数据应记录在规定表格上（表格用完可再向老师领取），不得转抄数据，以确保数据的原始性。

（4）各小组成员轮换操作，以确保每位学生都能参与到实习的各个环节中。

（5）各小组每晚均需开会总结当天观测情况，会议内容为总结当天的观测成果、检查数据、计划明天的任务，为明天的工作做好准备（如仪器充电）。

（6）每天早上准时开始观测，天黑前准时结束观测，如遇雨雪天气，应临时调整计划。注意劳逸结合。

（7）因病请假者需持医院证明，请假必须经指导老师同意。组长应每天认真做好考勤记录，并向指导老师报告考勤情况。

2. 安全细则及其他注意事项

实习中应遵循以下安全细则与注意事项。

（1）实习前应了解实习场地概况。注意人身和仪器安全。不得穿拖鞋、赤脚或高跟鞋出外业，不得在工作时间嬉闹。严禁私自外出。注意在实习场地内外的交通安全。

（2）爱护测区植被，任意破坏者，除需赔偿外，还将追究其责任。

（3）在山上不得跑跳打闹。遇到蛇、蜂巢等要绕避，在不惊扰的前提下及时向指导老师报告，请专业人员处理。远离山上陡坎，不在悬崖下停留。严禁爬树。

（4）晚上及雨天不得进行野外作业。

（5）脚架、棱镜杆等尖锐物品不可对向人。实习中应严肃认真，不玩笑打闹。

（6）上山应带伞具。测量中若突然下雨，应为仪器配置伞具，以防止受潮进水。仪器进水后，若起雾，将不能进行对中和观测。观测结束后用干布擦干仪器表面，将其晾干后装箱。

（7）不乱扔垃圾。垃圾就近扔到垃圾桶。山上没有垃圾桶的地方，请将垃圾携带下山，集中扔至山下垃圾桶。

（8）晚上最后离开教室的学生自觉关闭电灯和空调，以节约能源。离开实习基地前，各班应组织打扫宿舍和教室。

第二章
测量学课间实验

第一节　测量学课间实验总则

课间实验是课堂理论知识的有力补充,应在学习理论知识后及时开展。课间实验采用小组形式,根据设计的实验内容和要求,轮流操作练习,并做好数据处理和实验报告的撰写。

课间实验总则如下。

(1)一次课间实验一般为两个课时。为了保证实习效果,建议最多4人一组,轮流操作。

(2)课间实验时间不够的学生可在其他时间向实验室老师借出仪器继续练习。

(3)爱护仪器,借出和归还仪器时要签字登记。

(4)课间实验前要进行预习,做好准备和计划。

(5)规范操作仪器,严格按照实验步骤与安排进行,不得跳过步骤。记录和计算时,不可漏掉单位。

(6)使用铅笔记录所有观测数据。

第二节 DS₃微倾式水准仪的认识与使用

一、实验目的

(1)掌握 DS₃微倾式水准仪测量高差的原理。

(2)了解 DS₃微倾式水准仪的结构、各部件的名称和功能,并熟练掌握其使用方法。

二、实验内容

(1)学习 DS₃微倾式水准仪的架设方法和各部件的使用方法。

(2)用 DS₃微倾式水准仪进行一测站水准测量练习,读取前后视黑面和红面的中丝读数,并进行记录、计算。

三、所需实验仪器及附件

DS₃微倾式水准仪 1 台,水准仪脚架 1 个,水准尺 1 副(两个,一个红面起始读数为4687mm,另一个红面起始读数为 4787mm),尺垫 2 个,记录板 1 个,铅笔、记录纸若干。

四、实验步骤与安排

1. 实验组织

以小组为单位,每组 4 人。在校园选取 2 个水准点 A 和 B。2 位学生立水准尺,1 位学生在合适的位置(保证仪器到前后水准尺的距离大体相等)单独架设仪器,分别读取 A 尺和 B 尺的黑面、红面的中丝读数,1 位学生用铅笔记录计算。

完成一测站水准测量后,换下一位学生重新换点安置仪器重复以上过程,每一位学生观测一组水准点 A、B 之间的高差,共计测 4 站。

2. 仪器操作

1)仪器介绍

仪器各部件的说明,如图 2-1 所示。

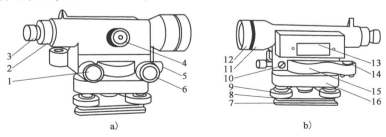

a) b)

图 2-1 DS₃级水准仪

1-微倾螺旋;2-分划板护罩;3-目镜;4-物镜对光螺旋;5-制动螺旋;6-微动螺旋;7-底板;8-三角压板;9-脚螺旋;10-弹簧帽;11-望远镜;12-物镜;13-管水准器;14-圆水准器;15-连接小螺栓;16-轴座

2）仪器操作步骤

（1）安置仪器。在测区选择合适的位置（地质条件较稳定，且与前后水准尺的距离大体相等）安置仪器。松开脚架腿，按观测者身高调节脚架腿，拧紧脚架腿螺栓以固定。张开三脚架到合适的角度（角度太小容易使仪器滑落，角度太大在人员走动过程中容易踢碰），并保证架头大体水平，踩实脚架腿。打开仪器箱，将仪器放到架头中央拧紧。

（2）粗平。调节三个脚螺旋使圆水准器的气泡居中。应注意，气泡随左手大拇指的动作方向移动，图 2-2 中箭头表示脚螺旋旋转方向，即为气泡移动方向。

①先按图示箭头方向调节脚螺旋 1 和 2，使圆气泡左右居中，如图 2-2a）所示。

②再按图示方向单独调节脚螺旋 3，使圆气泡前后居中，如图 2-2b）所示。

③如有需要，重复以上两个步骤，直至圆水准器的气泡完全居中。

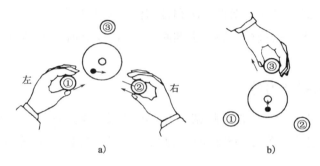

图 2-2　圆水准器的调节示意图

3）照准

首先用瞄准器将望远镜对准水准尺，制动仪器。先调节目镜调焦螺旋，使十字丝成像清晰，再调节物镜调焦螺旋，使水准尺的影像清晰且位于视场中央，以消除视差，并通过左右微调精确瞄准水准尺。

4）精平

调节微倾螺旋使水准管气泡居中。继续精确调节，使水准管气泡两端的半影像完全符合。

5）读数

先将水准尺的分划值辨别清楚［图 2-3a）］，然后从望远镜中进行水准尺读数。前视读数完成后，当旋转望远镜看后视读数时，应该再次检查气泡是否仍然居中，若不居中则需要重新精平后再读数。

读数应为四位数，如图 2-3b）所示，单位为 mm 或 m。记录者应复述读数，随测、随记、随算。

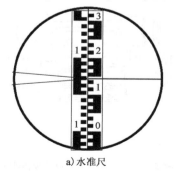

a）水准尺

中丝读数：
1629

b）读数

图 2-3　水准尺的读数方法

3．数据处理

计算出黑面读数的高差 h_{AB}、红面读数的高差 h'_{AB}。红面高差加或减 0.1m，再与黑面高差相减即为本次测量的误差值。误差值不得超过 1cm，否则应重新架设仪器读数。如果误差值在允许范围内，红面高差加或减 0.1m，然后与黑面高差求平均值，即为本次测量的水准点 A 和 B 间的高差。

4．小组成员轮换

第一位学生完成仪器操作后，换下一位学生重复上述操作，继续观测 A、B 两点高差。保证每位学生独立操作观测一遍。所有小组成员的读数记录和计算结果均记入表 2-1 中。

水准测量记录计算表 表2-1

测站	点号	黑面(中丝)	红面(中丝)	平均高差	黑红面高差之差	签字
	后视 A					
	前视 B					
	高差(后 – 前)					

五、注意事项

(1) 仪器安置的位置要与前后水准点 A、B 的距离大体相等，三点不一定在一条线上。

(2) 架头的中心连接螺旋应拧紧，防止仪器滑落。

(3) 每次读数前应消除视差，并进行精平。

(4) 转点放尺垫，但水准点不能放尺垫。

(5) 竖立水准尺时，要将水准尺置于水准点或者尺垫凸起的顶部。

(6) 读数估读至 mm，读至四位数，记录以 mm 或 m 为单位。且用铅笔记录。

(7) 各小组成员测得的高差之差最大不得超过 1cm。

六、实验成果

每小组提交一份实验报告，格式如下。

测量实验报告(实验一)

姓名:_____ 班级:_____ 学号:_____ 指导教师:_____ 日期:_____

[实 验 名 称] 水准仪的认识与使用

[目的与要求] 认识水准仪部件,学会水准仪的基本操作和使用,掌握水准仪的读数方法,理解水准仪测高差的基本原理和过程。

[仪器与工具]

_____

_____

_____

[主 要 步 骤]

_____

_____

_____

_____

_____

_____

[各部件名称与作用]

水准仪的认识

部件名称	作用
准星和照门	
目镜调焦螺旋	
物镜调焦螺旋	
制动螺旋	
微动螺旋	
脚螺旋	
圆水准器	
管水准器	

[观 测 记 录]

水准测量记录计算表

日期:_____ 天气:_____ 仪器:_____ 观测者:_____ 记录者:_____

测站	点号	黑面(中丝)	红面(中丝)	平均高差	黑红面高差之差	签字
	后视 A					
	前视 B					
	高差(后 − 前)					
	后视 A					
	前视 B					
	高差(后 − 前)					
	后视 A					
	前视 B					
	高差(后 − 前)					
	后视 A					
	前视 B					
	高差(后 − 前)					

[体会与建议]

_____

_____

_____

_____

[教 师 评 语]

_____

_____

第三节 四等闭合水准路线测量与内业计算

一、实验目的

（1）理解连续水准路线测量的原理、布设形式和方法。

（2）熟悉四等水准测量的观测方法。

（3）掌握水准路线测量数据分析、评价与处理方法。

二、实验内容

（1）利用 DS_3 微倾式水准仪观测一条四等闭合水准路线。

（2）计算闭合路线的闭合差，判断是否超限，若不超限，进行闭合差分配调整，得到最后的未知点高程。若超限则重新观测。

三、所需实验仪器及附件

DS_3 微倾式水准仪 1 台，水准仪脚架 1 个，水准尺 1 副（两个，一个红面起始读数为 4687mm，另一个红面起始读数为 4787mm），尺垫 2 个，记录板 1 个，铅笔、记录纸若干。

四、实验步骤与安排

1. 实验组织

以小组为单位，每组 4 人。在校园选取 3 个水准点 A、B、C 构成一条闭合水准路线，假设 A 点的高程已知 $h_A = 100m$。由于时间原因，本次实验选在 B—C 测段中设一转点 ZD，所以此闭合路线共设 4 站。水准点上不设尺垫，转点上设尺垫。每一站观测顺序是后视尺黑面→前视尺黑面→前视尺红面→后视尺红面，黑面读取上、中、下丝读数，红面只读中丝读数，在表 2-2 中按所标顺序（1）～（8）记录各个读数，然后按（9）～（18）顺序进行计算和检核。

四等水准测量记录表   表 2-2

测站编号	后尺 上丝 下丝	前尺 上丝 下丝	方向及尺号	水准尺读数		$K+$黑$-$红	高差中数	备注
				黑面	红面			
	后视距	前视距						
	视距差 d	$\sum d$						
	（1）	（4）	后	（3）	（8）	（14）		K 为水准尺常数，$K105=4.787$ $K106=4.687$
	（2）	（5）	前	（6）	（7）	（13）		
	（9）	（10）	后－前	（15）	（16）	（17）	（18）	
	（11）	（12）						

2. 观测方案

（1）第 1 位学生在 A—B 测段合适的位置（保证仪器到前后水准尺的距离大体相等）安置

仪器,第2位学生记录计算,剩余2位学生分别在A点和B点竖立水准尺,按要求的顺序读数,并用铅笔将读数记录到表2-2中。计算各项指标,需要符合四等水准测量观测的各项技术要求(表2-3)。待观测数据满足表2-3中的各项技术要求后才能搬动仪器到下一站,否则应及时重测。

水准仪观测的主要技术要求   表2-3

测量等级	仪器类型	视线长 (m)	前后视较差 (m)	前后视累积差 (m)	视线离地面 最低高度 (m)	基辅(黑红)面 读数差 (mm)	基辅(黑红)面 高差较差 (mm)
二等	DS_1、DSZ_1	≤50	≤1	≤3	≥0.5	≤0.5	≤0.7
三等	DS_1、DSZ_1	≤100	≤3	≤6	≥0.3	≤1.0	≤1.5
	DS_3、DSZ_3	≤75				≤2.0	≤3.0
四等	DS_3、DSZ_3	≤100	≤5	≤10	≥0.2	≤3.0	≤5.0
五等	DS_3、DSZ_3	≤100	近似相等	—	—	—	—

(2)第2位学生在B—ZD测段合适的位置(保证仪器到前后水准尺的距离大体相等)单独架设仪器,重复第(1)步过程,转点ZD上要放尺垫,水准点上不放尺垫,下一站测完前不得移动尺垫(下一站还是继续使用此转点)。

(3)第3位学生在ZD—C测段合适的位置(保证仪器到前后水准尺的距离大体相等)单独架设仪器,重复第(1)步过程;第4位学生在C—A测段合适的位置上架设仪器,重复第(1)步过程。

3.计算检核

计算高差闭合差,按照四等水准测量计算闭合差允许误差(表2-4),符合允许误差后,按照测段长度占总水准路线长度的比例反符号分配到每一个测段的高差中,依据已知水准点A的高程$h_A = 100m$,依次计算出水准点B、C的高程。

水准测量的主要技术要求   表2-4

等级	每千米 高差全 中误差 (mm)	路线 长度 (km)	水准仪 级别	水准尺	观影测次数		往返较差、附合 或环线闭合差	
					与已知点 联测	附合 或环线	平地 (mm)	山地 (mm)
二等	2	—	DS_1、DSZ_1	条码因瓦、线条式因瓦	往返各一次	往返各一次	$4\sqrt{L}$	—
三等	6	≤50	DS_1、DSZ_1	条码因瓦、线条式因瓦	往返各一次	往一次	$12\sqrt{L}$	$4\sqrt{n}$
			DS_3、DSZ_3	条码式玻璃钢、双面		往返各一次		
四等	10	≤16	DS_3、DSZ_3	条码式玻璃钢、单面	往返各一次	往一次	$20\sqrt{L}$	$6\sqrt{n}$
五等	15	—	DS_3、DSZ_3	条码式玻璃钢、单面	往返各一次	往一次	$30\sqrt{L}$	—

注:L为往返测段、附合或环线的水准路线长度(km),n为测站数。

五、注意事项

(1)转点上放尺垫,水准点上不放尺垫。

（2）每一站测完后,计算出各指标,确定指标不超限,方可搬站。

（3）水准尺要交替前进。

（4）读数估读至 mm 位,读至四位数,记录以 mm 或 m 为单位,且用铅笔记录。

六、实验成果

每小组提交一份实验报告,格式如下。

测量实验报告（实验二）

姓名：_____ 学号：_____ 班级：_____ 指导教师：_____ 日期：_____

[实 验 名 称] 四等闭合水准路线测量

[目的与要求] 熟悉连续水准路线测量的基本原理,掌握数据处理方法,进一步熟悉仪器操作。

[仪 器 与 工 具]

_____

_____

_____

_____

[主 要 步 骤]

_____

_____

_____

_____

_____

_____

_____

_____

[路 线 草 图]

[数 据 处 理]

四等水准测量记录表（双面尺法）

测站编号	后尺	上丝	前尺	上丝	方向及尺号	标尺读数		$K+黑-红$	高差中数	备注
		下丝		下丝						
	后视距		前视距			黑面	红面			
	视距差 d		$\sum d$							
					后					
					前					
					后 – 前					
									K 为水准尺常数，$K105 = 4.787\mathrm{m}$ $K106 = 4.687\mathrm{m}$

水准测量成果计算表

点号	距离(km)	测站数	实测高差(m)	高差改正数(mm)	改正后高差(m)	高程(m)	辅助计算
						100	
							闭合差:
							$f_h =$
							闭合差容许
							误差:
							$f_{h容} =$

[体会与建议]

_____

_____

_____

_____

[教 师 评 语]

_____

_____

17

第四节 全站仪的认识与使用

一、实验目的

(1)了解全站仪的结构和功能。
(2)掌握全站仪对中整平的操作。
(3)掌握全站仪的瞄准技巧。

二、实验内容

熟悉全站仪的构造和各部件的功能,掌握仪器的对中整平,熟练掌握全站仪的瞄准技巧。

三、所需实验仪器及附件

全站仪 1 台,脚架 3 个,棱镜 2 个,基座 2 个。

四、实验步骤与安排

1. 实验组织

以小组为单位,每组 3 人。在测区地面选取 3 个点 A、B、C,三位学生分别轮换在三个点上安置全站仪和基座棱镜,对中整平,练习瞄准棱镜中心。

2. 观测方案

(1)第 1 位学生在 A 点安置全站仪并对中整平,其他两位学生分别在 B、C 两点上安置基座棱镜,对中整平;然后第 1 位学生操作全站仪练习瞄准 B、C 两点上的棱镜中心。

(2)轮换第 2 位学生重新在 A 点安置全站仪对中整平,其他两位学生分别在 B、C 两点上安置基座棱镜,对中整平;然后第 2 位学生操作全站仪练习瞄准 B、C 两点上的棱镜中心。

(3)轮换第 3 位学生重新在 A 点安置全站仪对中整平,其他两位学生分别在 B、C 两点上安置基座棱镜,对中整平;然后第 3 位学生操作全站仪练习瞄准 B、C 两点上的棱镜中心。

3. 对中整平

(1)安置仪器。

松开脚架伸缩螺旋,将脚架提升到合适的高度,然后拧紧脚架伸缩螺旋,在测站上张开三脚架使其与观测者胸口同高且架头大致水平,将脚架角度和坡度调整至合适。一手握住全站仪手柄,从仪器箱中取出全站仪,安放在三脚架头上,一手立即将三脚架中心连接螺旋旋入仪器基座的中心螺孔并拧紧固定。

(2)对中。

打开电源,打开激光对中开关(若是光学对中器,调节光学对中器的目镜和物镜)。固定一个架腿,两手紧握另外两个脚架腿并提起慢慢转动,使激光束对准测站点(若是光学对中器,使光学对中器的中心对准测站点)。最后放稳脚架,并踩紧压实。

（3）仪器粗平。

伸缩三脚架腿长，整平圆水准器。圆水准气泡所在方向的三脚架腿偏高，应松开气泡所在方向的三脚架腿伸缩螺旋，轻轻下放（也可松开气泡所在的反方向的三脚架腿，轻轻升起），直到圆水准气泡居中或者移动到其他架腿方向，然后拧紧伸缩螺旋。再调节其他方向三脚架腿，直到圆水准气泡居中。

（4）仪器精平。

调节脚螺旋使管水准气泡居中。松开水平制动螺旋、转动全站仪使管水准器平行于某一对脚螺旋的连线，双手大拇指同时向内或向外旋转脚螺旋，使管水准器气泡居中，管气泡移动方向与左手大拇指转动方向一致。将全站仪旋转90°，旋转另一个脚螺旋使管水准器气泡居中。再次将全站仪旋转90°，调节脚螺旋，直至管水准器气泡在任何方向都居中为止。

（5）重新对中。

打开激光点，若对中目标偏移，部分松开中心连接螺旋（不要完全卸下，保证有连接，以防全站仪掉落），平推全站仪三角底板，将激光点对准测站点，然后拧紧连接螺旋。若使用光学对中器，观测者应进行前述操作，完成重新对中、使光学对中器的中心对准测站点。

（6）重新精平。

检查管水准气泡是否居中，若偏移则应重新进行精平，直到仪器旋转到任何位置管水准气泡始终居中为止。

（7）检查对中。

再次检查对中，如对中超出界限，则重新进行对中和整平，直至对中和整平同时满足要求为止。

4. 全站仪瞄准

（1）全站仪各部件示意图如图2-4所示。打开水平制动螺旋和竖直制动螺旋，将仪器设置为盘左观测模式。右手握住水平制动螺旋，左手握住望远镜。

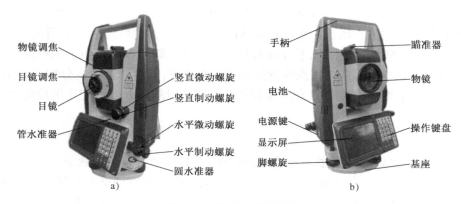

图2-4　全站仪各部件示意图

（2）眼睛望向瞄准器，右手左右旋转仪器，左手上下旋转望远镜，利用余光将瞄准器里的白色三角或者白色十字对准棱镜。此时右手水平制动仪器，竖直制动望远镜。

（3）眼睛望向望远镜，利用目镜调焦螺旋将十字丝成像清晰，调整物镜调焦螺旋至成像清晰。最后利用水平微动螺旋和竖直微动螺旋，将十字丝精确地微调至棱镜中心。

五、注意事项

（1）全站仪架设、对中整平必须由一人独立完成,不能多人同时操作。

（2）水平制动和竖直制动未松开前,禁止旋转仪器和旋转望远镜。

（3）脚螺旋未拧紧固定仪器前,左手不能松开仪器手柄。

（4）在仪器装箱前要松开水平制动螺旋和竖直制动螺旋。

（5）仪器禁止淋雨,若仪器沾水,应将仪器和仪器箱晾干后再装箱。

六、实验成果

每小组提交一份实验报告,格式如下。

测量实验报告（实验三）

姓名：_____ 学号：_____ 班级：_____ 指导教师：_____ 日期：_____

［实验名称］ 全站仪的认识和使用

［目的与要求］ 了解全站仪的结构和功能,掌握全站仪的架设方法、对中整平步骤和瞄准方法。

［仪器与工具］

_____

_____

_____

［主要步骤］

_____

_____

_____

_____

_____

_____

_____

［体会与建议］

_____

_____

_____

［教师评语］

_____

_____

第五节　全站仪测水平角和测距

一、实验目的

(1)了解水平角度、距离和棱镜常数的概念。
(2)熟悉全站仪测回法测水平角和测距步骤。
(3)掌握全站仪测回法测水平角和电磁波测距的计算方法。

二、实验内容

学习利用全站仪测回法测水平角和测距的操作以及数据处理方法,进一步练习全站仪的对中、整平和瞄准。

三、所需实验仪器及附件

全站仪 1 台,脚架 3 个,棱镜 2 个,基座 2 个。

四、实验步骤与安排

1. 实验组织

以小组为单位,每组 3 人。在测区地面选取 3 个点 A、B、C。三位学生分别轮换在 A、B、C 点上架设全站仪,在另外两点上架基座棱镜,对中整平,设置棱镜常数,各观测一个测回。水平角示意图见图 2-5,设 A、B、C 为地面上任意三点,M 与 N 分别为过直线 AB 和直线 AC 所作的两个竖直面,它们与水平面 H 的交线为 A_1B_1、A_1C_1,则水平面 H 上的夹角 β 就是直线 AB 与直线 AC 间的水平

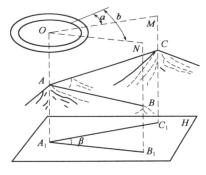

图 2-5　水平角示意图

角。为了测得水平角 $\angle CAB$ 的角值,可在 O 点上水平地安置一个带有顺时针刻度的度盘,其圆心 O 与 A 点位于同一铅垂线上。竖直面 M 和 N 在刻度盘上截取的读数分别为 a 和 b。

将测得的三角形 ABC 的内角和边长,记录到表 2-5 中。

测回法测水平角和距离　　　　　　　　　　　　　　　　　表 2-5

测站	盘位	目标	度盘读数 (° ′ ″)	半测回角值 (° ′ ″)	半测回角值 之差	一测回角值 (° ′ ″)	角度草图	距离 (m)	平均距离 与相对误差

2. 观测方案

在每点上安置全站仪,设置棱镜常数,在相邻两个点上安置基座棱镜,利用一个测回观测

内角和两个边长。具体操作步骤如下。

（1）第 1 位学生在 A 点架设全站仪,对中整平仪器,设置盘左观测,观测者面向要测量的角度方向,将全站仪瞄准观测者左侧方向的棱镜中心,水平角度置零,按测距键测距,将角度和距离记录到表 2-5 中。

（2）将全站仪瞄准观测者右侧方向的棱镜中心,读取水平角读数记录到表 2-5 中,按测距键测距一并记录到表 2-5 中。右侧方向的水平角读数减去左侧方向的水平角读数为此点处盘左观测的内角值。

（3）倒转望远镜,设置盘右观测。瞄准观测者右侧方向的棱镜中心,读取水平角读数记录到表 2-5 中,按测距键测距一并记录到表 2-5 中,盘左盘右测量距离的平均值为右侧边的距离。

（4）将全站仪瞄准观测者左侧方向的棱镜中心,读取水平角读数记录到表 2-5 中,按测距键测距一并记录到表 2-5 中。右侧方向的水平角读数减去左侧方向的水平角读数为此点处盘右观测的内角值,盘左盘右测量距离的平均值为左侧边的距离。盘左观测的内角值与盘右观测的内角值之差不得大于 20″,否则应重新观测。

（5）第 2 位学生在 B 点架设全站仪,第 3 位学生在 C 点架设全站仪,分别重复以上步骤。

（6）每一边均应往返测距,其相对误差不大于 1∶4000。

五、注意事项

（1）观察棱镜常数,确保全站仪设置的棱镜常数与所用棱镜一致。

（2）数据禁止涂改,且应用铅笔记录。

（3）角度平均值小数位采用个位数"奇进偶不进"原则处理。

（4）相对误差分母个位数、十位数和小数位置零。

（5）半测回角值之差小于 20″,距离相对误差小于 1∶4000。

六、实验成果

每小组提交一份实验报告,格式如下。

测量实验报告(实验四)

姓名:＿＿＿＿＿ 学号:＿＿＿＿＿ 班级:＿＿＿＿＿ 指导教师:＿＿＿＿＿ 日期:＿＿＿＿＿

[实验名称] 全站仪测回法测量水平角和距离

[目的与要求] 熟练掌握全站仪的架设方法,掌握测回法测水平角和电磁波测距的原理,熟悉棱镜常数的设置。

[仪器与工具]

_____

_____

_____

_____

[主要步骤]

_____

_____

_____

_____

_____

_____

_____

_____

_____

_____

_____

_____

_____

_____

［观测数据与处理］

水平角度距离观测记录手簿

日期：_____　仪器：_____　观测天气：_____　班组：_____　记录人：_____

测站	盘位	目标	度盘读 （°　′　″）	半测回角值 （°　′　″）	半测回角值 之差	一测回角值 （°　′　″）	角度草图	距离 （m）	平均距离 与相对误差

［体会与建议］

_____

_____

［教　师　评　语］

_____

_____

第六节　全站仪测竖直角

一、实验目的

(1)了解竖直角度的概念,巩固棱镜常数的概念。
(2)熟悉全站仪测回法测竖直角步骤,学会判读竖盘注记方式(天顶距/水平零)。
(3)掌握全站仪竖角读数和竖直角的计算方法和公式。

二、实验内容

练习全站仪测回法测竖直角操作以及数据处理,进一步掌握全站仪的对中整平和瞄准。

三、所需实验仪器及附件

全站仪 1 台,脚架 3 个,棱镜 2 个,基座 2 个。

四、实验步骤与安排

1. 实验组织

以小组为单位,每组 3 人。在测区地面选取 3 个点 A、B、C。三位学生分别轮流在 A、B、C 点上安置全站仪,在另外两点上安置脚架基座棱镜。对中整平,设置棱镜常数,在两个方向上分别测一个俯角和一个仰角,将数据记录到表 2-6 中。

竖角距离观测记录表　　　　　　　　　　　　　　表 2-6

仪器型号:_____　　　天气:_____　　　班组:_____　　　观测记录人:_____

测站	目标	盘位	竖盘读数 (° ′ ″)	半测回竖直角 (° ′ ″)	指标差 (″)	一测回竖直角 (° ′ ″)	竖盘注记 方式	斜距	水平距离
	A	1							
		2							
	B	1					天顶距/ 水平零		
		2							
	C	1							
		2							

2. 观测方案

在每点上分别安置全站仪,设置棱镜常数,在相邻两个点上安置基座棱镜,利用一个测回观测一个仰角和一个俯角,具体操作步骤如下。

(1)第 1 位学生在 A 点安置全站仪,对中整平仪器,设置盘左观测,将望远镜调整至大体水平,上下微动,根据竖盘读数判断竖盘注记方式是天顶距还是水平零,并得出竖直角计算公式。

（2）将全站仪瞄准 B 点棱镜，读取竖直角读数、按测距键测距并记录到表 2-6 中。

（3）将全站仪瞄准 C 点棱镜，读取竖直角读数、按测距键测距并记录到表 2-6 中。

（4）设置盘右观测，将望远镜调整至大体水平，上下微动，根据竖盘读数判断竖盘注记方式是天顶距还是水平零，并得出竖直角计算公式。

（5）将全站仪瞄准 B 点棱镜，读取竖直角读数、按测距键测距并记录到表 2-6 中。

（6）将全站仪瞄准 C 点棱镜，读取竖直角读数、按测距键测距并记录到表 2-6 中。

（7）第 2 位学生在 B 点架设全站仪，第 3 位学生在 C 点架设全站仪，分别重复以上步骤。

五、注意事项

（1）观察棱镜常数，确保全站仪设置的棱镜常数与所用棱镜一致。

（2）数据禁止涂改，要用铅笔记录。

（3）仰角范围为 $0° \sim 90°$，俯角范围为 $-90° \sim 0°$。

（4）竖直角读数（竖盘读数）不一定是竖直角，需要根据竖盘状态和竖直角定义计算得出竖直角值。

六、实验成果

每小组提交一份实验报告，格式如下。

测量实验报告(实验五)

姓名:_____ 学号:_____ 班级:_____ 指导教师:_____ 日期:_____

[实 验 名 称] 全站仪测回法测量竖直角

[目的与要求] 练习全站仪的架设方法,掌握测回法测竖角的原理。

[仪器与工具]

_____

_____

_____

_____

[主 要 步 骤]

_____

_____

_____

_____

_____

_____

_____

_____

[观测数据与处理]

竖角距离观测记录表

仪器型号:_____ 天气:_____ 班组:_____ 观测记录者:_____

测站	目标	盘位	竖盘读数 (° ′ ″)	半测回竖直角 (° ′ ″)	指标差 (″)	一测回竖直角 (° ′ ″)	竖盘注记 方式	斜距	水平距离
	A	1							
		2							
	B	1				天顶距/ 水平零			
		2							
	C	1							
		2							

[体会与建议]

_____

_____

_____

_____

[教 师 评 语]

_____

_____

第七节 全站仪碎部点测量

一、实验目的

(1)理解方位角概念,熟悉坐标正算和反算原理。

(2)掌握全站仪三角高程测量的原理。

(3)熟练掌握全站仪碎部点测量步骤。

二、实验内容

学习全站仪设站、定向和测点的基本操作,巩固坐标正算和反算原理。

三、所需实验仪器及附件

全站仪 1 台,脚架 1 个,棱镜 1 个,棱镜杆 1 个,小钢尺 1 个。

四、实验步骤与安排

1. 实验组织

以小组为单位,每组 3 人。在测区地面选取 3 个点 A、B、C。假设 A 点坐标为(3600,500,100),A—B 方向的方位角为 100°,利用已知方位角定向,观测未知点 C 的坐标和高程。三位学生分别重复相同的过程,测出 C 点的坐标与高程。

2. 观测方案

(1)设站。

在测站点架设全站仪,输入测距模式、棱镜类型和棱镜常数等。新建项目文件,使用小钢尺量取仪器高度,输入测站点的三维坐标和仪器高度。

(2)后视定向。

松开水平制动螺旋和竖直制动螺旋,转动望远镜精确照准后视点棱镜中心后,拧紧水平制动螺旋和竖直制动螺旋。输入后视点方向方位角,点击"设置"进行后视定向,检核确保水平角读数变成此方向的已知方位角。

(3)坐标测量。

瞄准碎部点的棱镜,输入棱镜高度,按"测量"键即可获得碎部点的平面坐标和高程。

(4)基本公式。

①坐标正算。

由图 2-6 可知,坐标正算公式为

$$x_B = x_A + \Delta x_{AB} \tag{2-1}$$

$$y_B = y_A + \Delta y_{AB} \tag{2-2}$$

$$\Delta x_{AB} = D_{AB} \cdot \cos\alpha_{AB} \tag{2-3}$$

$$\Delta y_{AB} = D_{AB} \cdot \sin\alpha_{AB} \tag{2-4}$$

②坐标反算。

由图 2-6 可知,坐标反算公式为

$$D_{AB} = \sqrt{\Delta x_{AB}^2 + \Delta y_{AB}^2} \qquad (2\text{-}5)$$

$$\tan\alpha_{AB} = \frac{\Delta y_{AB}}{\Delta x_{AB}} \qquad (2\text{-}6)$$

$$\Delta x_{AB} = x_B - x_A \qquad (2\text{-}7)$$

$$\Delta y_{AB} = y_B - y_A \qquad (2\text{-}8)$$

③三角高程测量。

由图 2-7 可知,三角高程测量公式为

$$h_{AB} = D\tan\alpha + i - l \qquad (2\text{-}9)$$

$$h_{AB} = S\sin\alpha + i - l \qquad (2\text{-}10)$$

$$H_B = H_A + h_{AB} \qquad (2\text{-}11)$$

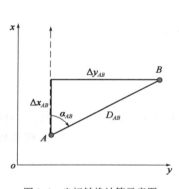

图 2-6 坐标转换计算示意图

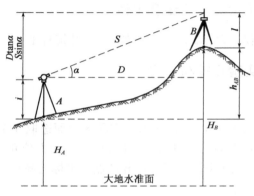

图 2-7 三角高程测量示意图

④坐标测量。

由图 2-8 可知,坐标测量公式为

$$\alpha_{BA} = \tan^{-1}\frac{E_A - E_B}{N_A - N_B} \qquad (2\text{-}12)$$

$$\begin{cases} N_1 = N_B + S \cdot \cos\tau \cdot \cos\alpha \\ E_1 = E_B + S \cdot \cos\tau \cdot \sin\alpha \\ Z_1 = Z_B + S \cdot \sin\tau + i - l \end{cases} \qquad (2\text{-}13)$$

3. 数据检核

三位学生测出的 C 点坐标和高程,较差值不大于 5cm。

五、注意事项

(1)后视定向时,确保望远镜瞄准后视点的棱镜中心后,才能按设置键定向。

(2)碎部点测量一般采用盘左观测。

(3)测多个碎部点时,应避免点名重复。

(4)测量碎部点后注意保存,不要轻易删除文件或者点数据。

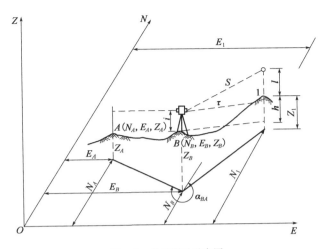

图 2-8 坐标测量示意图

六、实验成果

每小组提交一份实验报告,格式如下。

测量实验报告（实验六）

姓名：_____ 学号：_____ 班级：_____ 指导教师：_____ 日期：_____

［实 验 名 称］ 全站仪碎部点测量

［目的与要求］ 掌握全站仪设站和定向原理,熟悉全站仪测点的平面坐标和高程的方法,进一步熟练全站仪操作。

［仪器与工具］

_____

_____

_____

_____

［主 要 步 骤］

_____

_____

_____

_____

_____

_____

［观测数据与处理］

_____

_____

_____

_____

_____

_____

[体会与建议]

_____

_____

_____

_____

[教 师 评 语]

_____

_____

第八节　全站仪平面坐标放样和高程放样

一、实验目的

(1)理解平面坐标放样和高程放样原理。

(2)掌握全站仪平面坐标放样和高程放样的操作步骤。

二、实验内容

学习全站仪极坐标法放样平面坐标的基本操作,练习全站仪三角高程放样基本操作。

三、所需实验仪器及附件

全站仪 1 台,脚架 1 个,棱镜 1 个,棱镜杆 1 个,小钢尺 1 个。

四、实验步骤与安排

1. 实验组织

以小组为单位,每组 3 人。在测区地面选取 3 个点 A、B、C。假设 A 点三维坐标为(3600,500,100),A—B 方向的方位角为 $100°$。利用已知方位角定向,输入要放样点 C 的三维坐标和高程(3610,488,101),通过放样方法找到 C 点的平面位置和高程位置。三位学生分别重复相同的过程,放样出 C 点的平面位置和高程位置。

2. 观测方案

(1)设站。

在测站点架设全站仪,输入棱镜类型、棱镜常数和测距模式。量取仪器高度,新建项目文件,输入测站点的三维坐标和仪器高度(使用小钢尺量取)。

(2)后视定向。

松开水平制动螺旋和竖直制动螺旋,转动望远镜精确照准后视点棱镜中心后,拧紧水平制动螺旋和竖直制动螺旋,输入后视点方向的方位角,点击"设置"进行后视定向。检核确保水平角读数变成此方向的已知方位角。

(3)输入放样点坐标。

在点放样页面输入放样点坐标。

(4)角度放样。

旋转仪器,水平角度偏差接近零时水平制动。水平微调使角度偏差为 0,放样点即在望远镜方向上,指挥棱镜左右移动至仪器视线方向。

(5)距离放样。

测量距离,并根据距离偏差,指挥棱镜沿仪器视线方向前后移动。重复"测距"直到距离偏差接近于 0,此时棱镜所在的位置即为放样点的平面位置,在地面标记出放样点。

（6）高程放样。

依据仪器计算出的棱镜杆位置与已知放样高程之间的差值，指挥棱镜在竖直方向移动，重复测量直到高程差值接近于0。此时棱镜杆低端的位置即为放样点的高程位置，做好标记即可。

（7）学生轮换。

轮换另外2位学生，重复以上过程。

3. 数据检核

三位学生放样出的C点平面位置和高程位置，较差值应不大于5cm。

五、注意事项

（1）放样完毕后应在放样点做好标记。

（2）总结经验，观测者要指挥准确，必要时应打好手势。

六、实验成果

每小组提交一份实验报告，格式如下。

测量实验报告(实验七)

姓名:_____ 学号:_____ 班级:_____ 指导教师:_____ 日期:_____

[实 验 名 称] 全站仪平面坐标放样与高程放样

[目的与要求] 掌握全站仪放样原理,熟悉全站仪放样方法,进一步熟练全站仪操作。

[仪器与工具]

_____

_____

_____

[主 要 步 骤]

_____

_____

_____

_____

_____

_____

[观测数据与处理]

_____

_____

_____

_____

_____

_____

[体会与建议]

_____

_____

_____

_____

[教 师 评 语]

_____

_____

第九节 GNSS 静态控制测量与数据处理

一、实验目的

（1）理解 GNSS 静态控制测量原理。
（2）掌握 GNSS 静态控制测量的外业操作步骤和内业数据处理方法。

二、实验内容

采用三台 GNSS 接收机,利用点连式测两个时段,通过软件计算得出控制点坐标。

三、所需实验仪器及附件

GNSS 接收机 3 台,脚架 3 个,基座 3 个,小钢尺 3 个,笔、记录表若干。

四、实验步骤与安排

1. 实验组织

以小组为单位,每组 3 人。在测区地面选取 5 个点 A、B、C、D、E。其中,A、B、C 为已知点,D、E 为未知点。如图 2-9 所示,在 A、B、C 点安置仪器测第一个时段,然后保持 C 点仪器不动,在 C、D、E 点安置仪器测第二个时段。

2. 观测方案

按照《全球导航卫星系统(GNSS)测量规范》(GB/T 18314—2024)E 级标准要求,以三台接收机点连式布网为例进行实测和数据处理,将接收机设置成为静态数据采集模式。

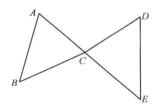

图 2-9 两时段点连式示意图

（1）布网。

根据要观测的控制点位置和数量,设计实测方案。三角网型的内角不能有小角度,以三个内角相等为最优。确定连接点,设计施测步骤和方案。

（2）施测。

首先将 GNSS 接收机设置成静态模式,然后将三台接收机放到第一个时段的三个控制点上。每一站的具体操作步骤如下。

①在测量点安置仪器,使用对点器严格对中整平。

②量取仪器高,记录点名、仪器号、仪器高和开始观测时间。

③开机,设置主机为静态测量模式。开始下载数据时,应记录时间。

④保证三台 GNSS 接收机公共观测的时间在 40min 以上。关机,并记录关机时间。

⑤一台 GNSS 接收机不动,将另外两台 GNSS 接收机移动到另外两个未测点上。重复以上过程,数据记录于表 2-7,以此类推直到将所有的点观测完毕为止。

⑥下载数据。可以使用随机配置的数据线连接 GNSS 接收机与电脑,将静态数据拷贝到电脑上。

GNSS 静态控制测量野外观测记录表 表 2-7

点号		点名		接收机编号	
观测员		时间段		观测日期	
采样间隔		天气			
开始记录时间			结束记录时间		
天线高测定	测前		测后		
	平均值				
记事					

B、C、D、E 级 GNSS 观测的基本技术规定应符合表 2-8 的要求。

GNSS 观测的基本技术规定 表 2-8

项目	级别			
	B	C	D	E
卫星截止高度角(°)	15	15	15	15
同时观测有效同系统卫星数	≥4	≥4	≥4	≥4
有效观测卫星总数	≥20	≥6	≥4	≥4
观测时段数	≥3	≥2	≥1.6	≥1.6
时段长度	≥23h	≥4h	≥60min	≥40min
采样间隔(s)	30	15～30	5～15	5～15

3.静态数据处理步骤

(1)新建项目。

新建项目,首先输入项目名称,选择工作目录,输入项目的背景信息,设定限差要求。然后设定坐标系统,选择目标椭球、投影方式,以及测区所在地区的中央子午线,设置东加常数等。

(2)导入数据。

选择数据文件,将所有观测数据导入到软件里,然后用右键修改文件属性。以野外观测记录表和每个文件的观测时间为基准,修改每个文件对应的点号以及仪器高度。

(3)处理基线。

首先要进行全部处理,处理结果中的状态必须合格。整周模糊度分解后,次最小 RMS(均方根误差)与最小 RMS 的比值即为 RATIO,反映了所确定的整周模糊度参数的可靠性。这一指标取决于多种因素,既与观测值的质量有关,也与观测条件相关。RATIO 是反映基线质量的最关键值,通常情况下要求 RATIO 值大于 1.8。为了进一步提高处理精度,观察每一条基线的卫星数据残差序列和残差图。在误差曲线中,偏离中间黑色的轴越远,说明误差越大。选择性地关掉一些质量不好的卫星数据,令不合格的卫星数据或部分数据不参与计算。保留至少四颗以上的卫星数据,然后重新计算处理。还可以修改卫星高度角、采样间隔,或者关闭信号不好的卫星系统,重新解算,以提高精度。

（4）网平差。

输入控制点坐标,进行平差的基本设置。将高程拟合模型设置为固定误差改正,然后进行全自动平差。先查看二维约束平差报告,观察卡方检验的检验值是否正确,检验值为 True 才能达到要求。平差报告里有各种指标,包括各条基线的质量情况、控制点坐标、以及平差后的84 坐标系的坐标以及精度分析。平面坐标中误差和高程中误差也需满足要求。

通过一个另外的已知控制点检核平差结果。若平差报告中三维坐标与已知点的差值在一两厘米甚至毫米级,则说明解算结果精度满足要求。此外,还可以生成三维自由网平差。

（5）导出数据。

最后,导出平差报告。平差报告可以采用不同的格式进行导出。

五、注意事项

（1）在观测期间,如果 GNSS 接收机断电,可更换电池重新开机,但要保证此 GNSS 接收机在此点的总观测时间与其他两个 GNSS 接收机公共观测的时间在 40 分钟以上。

（2）在观测期间不得移动 GNSS 接收机,观测结束后要先关机再收 GNSS 接收机。

（3）每个观测时段中,一般不得关闭并重新启动 GNSS 接收机;不准改变卫星高度角限值、数据采样间隔及天线高的参数值。

（4）测前应认真检查电源电量是否饱满。作业时,应注意供电情况,一旦听到低电压报警要及时更换电池,否则可能造成观测数据被破坏或丢失。

（5）观测结束后,应及时将 GNSS 接收机内存中的数据传输到计算机中,并保存在软、硬盘中,同时还需检查数据是否正确完整。确保数据正确无误地记录保存后,应及时清除 GNSS 接收机内存中的数据,以确保 GNSS 接收机有足够的存储空间。

六、实验成果

每小组提交一份实验报告,格式如下。

测量实验报告(实验八)

姓名:_____ 学号:_____ 班级:_____ 指导教师:_____ 日期:_____

[实 验 名 称] GNSS 静态控制测量与数据处理

[目的与要求] 掌握 GNSS 静态控制测量的外业操作和 GNSS 静态控制测量数据处理的方法,熟悉 GNSS 静态控制测量的基本原理。

[仪器与工具]

_____

_____

_____

_____

[主 要 步 骤]

_____

_____

_____

_____

_____

_____

[观测数据与处理]

_____

_____

_____

_____

_____

_____

_____

[体会与建议]

_____

_____

_____

_____

[教 师 评 语]

_____

_____

第十节 GNSS-RTK 测点与放样

一、实验目的

（1）理解 GNSS-RTK（Real Time Kinematic，实时动态测量技术）动态测量技术的原理。

（2）掌握 GNSS-RTK 测点和放样的外业操作步骤。

二、实验内容

采用两台 GNSS 接收机，一台架设为基站，一台为流动站，练习 GNSS-RTK 测点和放样。

三、所需实验仪器及附件

GNSS 接收机 2 台，电台 1 个，流动杆 1 个，GNSS 手簿 1 个，脚架 2 个，基座 1 个，小钢尺 1 个，记录表若干。

四、实验步骤与安排

1. 实验组织

以小组为单位，每组 3 人。在测区地面选取 1 个测点 A，将一台 GNSS 接收机设置为基站模式，架设到 A 点上。另一台接收机设成流动站模式，测点放样。

2. 基站的架设与设置

将基站架设到 A 点上，对中整平。将电台天线上的数据线连接电台上，接通电台电源（红色接"＋"，黑色接"－"），并将基站 GNSS 数据线分别连接到电台和基站 GNSS 接收机上。以中海达 GNSS 接收机为例，连接好后如图 2-10 所示。

打开 GNSS 手簿，点击【设备】—【设备连接】，选择基准站的机号进行蓝牙配对连接。设置自由设站，或者已知控制点设基站。

点击【设备】—【基准站】—【平滑】—【确

图 2-10 基站架设图

定】，如图 2-11 所示，基准站可获取此刻的坐标，并以此坐标作为起算点向移动台发射差分数据。输入点名和天线高（斜高），再设置【数据链】和【其他】。注意，数据链的各项参数和其他中的差分电文格式，基准站和移动站务必设置一致，移动台才能收到基准站的信号。

3. 流动站设置

（1）将另一台 GNSS 接收机设置为流动站。在作业前，应检查仪器内存容量能否满足工作需要，并确定电量充足。

a) 设置接收机 b) 设置数据链 c) 设置其他

图 2-11　设置基准站

（2）利用蓝牙将 GNSS 手簿与 GNSS 接收机连通,确认移动站数据链频道、波特率以及其他各项参数和基准站一致,如图 2-12 所示。

a) 设置数据链   b) 设置其他

图 2-12　设置移动站

4. GNSS-RTK 数据采集

以中海达 GNSS 接收机为例,RTK 测定碎部点的作业步骤如下。

（1）新建项目。在一个新测区,首先应新建一个项目,存储测量的参数,其设置均保存到项目文件中(*.prj)。

在 GNSS 手簿中打开 Hi-Survey,点击【项目】—【项目信息】,在下方输入项目名,点击【确定】之后新建项目,如图 2-13 所示。

（2）选择坐标系统,设置投影参数和椭球。点击【项目】—【坐标系统】—【投影】,设置坐标系统,选择投影方法,输入投影参数,如图 2-14a）所示。

设置好所有坐标系统参数后点击【保存】,会将设定参数保存到*.dam 文件中。设定好参数后一定要点击界面下方的保存按钮,否则设定的参数无效。点击【基准面】,设置椭球参数,如图 2-14b）所示。

a) 手簿界面　　　　　　　b) 项目信息

图 2-13　新建项目

a) 设置投影　　　　　　　b) 设置基准面

图 2-14　设椭球和投影参数

（3）采集控制点求坐标转换参数。

①移动站对中控制点，点击【测量】—【碎部测量】，选择"平滑采集"或者"点采集"，采集控制点并保存，如图 2-15 所示。

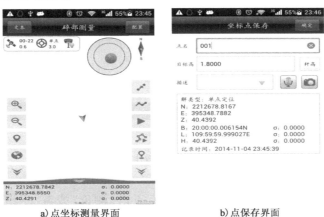

a) 点坐标测量界面　　　　　　　b) 点保存界面

图 2-15　测量点位坐标

②采集完两个控制点之后,可求适用于小范围测区的四参数。

(4)点击【项目】—【参数计算】—【计算类型】,选四参数 + 高程拟合,高程拟合选固定差改正(三个点以上,高程拟合可以选平面拟合方法),然后添加点对,【源点】选择上一步采集的控制点,【目标点】输入对应的点目标坐标系的平面坐标,如图2-16 所示。

a)参数计算界面　　　　　　　　b)输入点对坐标

图2-16　计算坐标转换参数图

(5)添加完两个以上的点对后,点击【计算】,显示四参数 + 高程拟合的计算结果,主要看旋转和尺度,一般旋转不超过1°,尺度大于 0.999K、小于 1.0009K 为佳(一般来说,尺度越接近1越好),如图 2-17 所示。然后,观测 1 个以上其他已知点控制点(非参数转换所用控制点)进行检核,测出的平面坐标与已知点坐标差值应不超过 5cm,高程差值应不超过 10cm。

a)添加点对界面　　　　　　　　b)参数计算结果

图2-17　参数计算

(6)碎部测量。

点击【碎部测量】按钮,可进入碎部测量界面,点击"测量"或者"平滑采集",采集并保存碎部点。坐标数据可以在【项目】—【坐标数据】里查看。

（7）导出数据。

将 GNSS 手簿用数据线和电脑连接，导出碎部点数据。

（8）点位放样。

①数据导入。

a. 把放样点坐标数据整理拷贝到 GNSS 手簿内存里。

第一步：在 Excel 里重新编辑放样点文件，各列内容依次是点名、N、E；

第二步：另存为"放样点.csv"（逗号分隔符），导入文件（支持格式包括.csv\.txt\.dat）；

第三步：把文件"放样点.csv"拷贝到手簿内存\ZHD\OUT 里。

b. 进入 GNSS 手簿软件把放样点导入当前项目。

第一步：【项目】—【数据交换】—【放样点】，点击导入，选择文件"放样点.csv"，如图 2-18a）所示；

第二步：【确定】—【自定义格式设置】，导入内容依次选择点名、N、E，如图 2-18b）所示；

第三步：点击【确定】提示数据导入成功，如图 2-18c）所示。

a) 放样点　　　　　　b) 自定义格式设置　　　　　　c) 导入成功

图 2-18　数据导入操作界面

c. 查看导入数据。

点击【项目】—【坐标数据】—【放样点】，放样点导入成功。

②点放样。

点击【测量】—【点放样】，进入点放样界面，如图 2-19a）所示。点击向右箭头输入坐标，然后根据方向和距离提示找到放样点。

在当前点距离放样点（目标点）的距离未进入放样提示距离范围时，将显示大箭头，提示用户行走正方向和当前点到放样点方向的偏转角度（大箭头和地图正方向的角度）。如果行走方向正在靠近放样点则显示为绿色［图 2-19b）］，如果正在远离放样点则显示为红色；若行走正方向和当前点—放样点连线大致垂直，需要向左则显示为黄色向左，需要向右则显示为黄色向右。

五、注意事项

GNSS-RTK 数据采集时应注意如下事项。

（1）电台不宜放在离 GNSS 接收机过近的地方，否则电台信号会干扰 GNSS 卫星信号。电台的信号线和电源线过长时不宜卷起来,若卷起来会因为涡流而产生磁场,干扰 GNSS 信号。基准站 GNSS 天线与无线电发射天线最好相距 3m 以上。

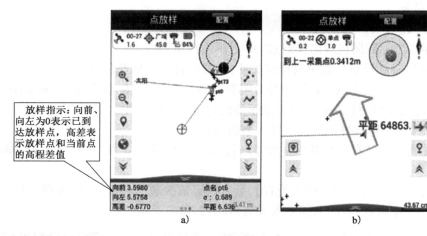

图 2-19　点放样界面图

(2)流动站无线电的频率与基准站的相同。

(3)流动站的位置应在基准站的控制范围之内(一般不应超过 20km)。

(4)在量取天线高时,应注意所量至的位置应与设置的位置一致。

(5)基准站宜布设在测区中部较高位置上,便于控制整个测区,旁边不能有大面积水面、高大树木、建筑物或电磁干扰源(如电台的发射塔、高压电线等)。

(6)GNSS 信号失锁时需要重新进行初始化,待重新锁定卫星后再进行碎部点测量。若接收机断电,为了确保安全可靠,重新开机后,应测量 1 个已知控制点进行检核,平面误差不应超过 5cm,高程误差不应超过 10cm,再开展碎站点测量。

(7)在 GNSS-RTK 接收信号困难地区,可用全站仪配合测量。

六、实验成果

每小组提交一份实验报告,格式如下。

测量实验报告(实验九)

姓名:_____ 学号:_____ 班级:_____ 指导教师:_____ 日期:_____

[实 验 名 称] GNSS-RTK 测点与放样

[目的与要求] 掌握 GNSS-RTK 测量外业的仪器设置、基本操作和坐标系参数转化,学会 GNSS-RTK 测点和放样的操作,熟悉 GNSS 动态相对测量的基本原理。

[仪器与工具]

[主 要 步 骤]

[观测数据与处理]

［体会与建议］

_____

_____

_____

_____

［教 师 评 语］

_____

_____

第三章

测量学野外综合实习

第一节　目的与要求

（1）实习目的与意义。

①验证、巩固和深化对测量学理论知识、技术方法的理解，实现融会贯通。

②综合应用理论知识，初步形成工程概念。

③培养实际动手能力，提升工程技术素养，积累工程实践经验。

④培育严谨的科学态度和团结协作、艰苦奋斗的工作作风。

⑤培养精益求精的大国工匠精神，激发科技报国的内驱力和使命担当。

（2）实习仪器使用规范、纪律要求、安全和环境保护的相关注意事项见第一章第二节、第三节和第四节。

第二节　实习内容与组织安排

测量学野外综合实习的内容与组织安排如图3-1所示。

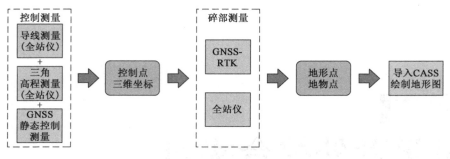

图 3-1 测量实习流程图

1. 控制测量

控制测量的目的是为测绘地形图建立图根控制,主要内容有踏勘选点、高程引测、导线联测、三维闭合导线测量、四等水准测量和 GNSS 静态控制测量。

（1）踏勘选点

根据地形布设控制点,布点的原则和要求为:

①导线点应选在地质条件稳定处,便于埋点和保护标志。

②相邻两点之间应通视良好,导线各边的长度应大致相等。

③布点的位置应视野开阔,便于后期工程应用。

④导线点应有足够的密度,分布较均匀,便于控制整个测区。

假设共设置 17 个未知控制点,每个点附近有 8 套点,分别标记为 N、S、W、E、A、B、C、D。根据实习小组数量分配点位,保证分配合理,防止争占点位情况发生。同时埋设 2 个已知点位 P、T。

（2）平面控制测量

平面控制测量任务为:

①要求每组学生完成闭合导线的测角、量距和联测任务,各类误差应满足限差要求,最终计算出控制点平面坐标。

②选取 5 个控制点进行 GNSS 静态控制测量。

（3）高程控制测量

要求每组学生采用图根闭合三角高程测量和水准测量方法对所有控制点进行高程测量工作,并完成与已知点的高程联测任务,各类闭合差应满足限差要求。最终计算出控制点高程。

2. 内业计算

内业计算任务为:

（1）要求每位学生独立进行闭合导线坐标计算、闭合三角高程计算、闭合水准路线计算。

（2）各小组的原始数据由各组组长填写测量原始数据电子表格,并提交给指导老师。指导老师将检查每一位学生的计算结果,其评分作为实习成绩的一部分。

（3）要求每位学生进行 GNSS 静态数据处理,向老师提交平差报告。

3. 数字地形图测绘

要求每个小组测绘 1∶2000 数字地形图一幅。各小组协作完成野外数据采集工作,每一位学生均需利用软件绘制一幅地形图。

4. 实习组织与安排

本实习以班级小组为单位,每班 5 组,每组 7 人左右。具体时间安排见表 3-1。

实习组织与安排　表 3-1

	实习内容	天数
到达	上午到达实习基地;下午实习动员,野外踏勘选点,签领、检校仪器工具	1
控制测量	四等水准高程引测(1 天) 全站仪三维导线控制测量(2 天) 导线控制网联测(0.5 天)	3.5
	内业计算,CASS 展绘控制点	1
数字测图	碎部测量——实习基地平地区数据采集(全站仪)	2.5
	碎部测量——实习基地山地区数据采集(RTK)	0.5
	外业补测,内业软件绘图	1
考核	实习仪器考核	0.5
返回	仪器装箱、检查、登记带回、交接;返校	1
	合计	12

第三节　图根闭合导线控制测量

1. 测角测距

熟悉测区,了解控制点点位,包括已知点 P、T 的点位和坐标数据。在每个控制点上安置全站仪,在相邻两个点上安置基座棱镜,利用一个测回观测内角和两个边长的水平距离。观测数据均应记录在观测记录手簿中,表 3-2 为一角度和水平距离测量观测记录手簿示例。具体操作步骤如下。

(1)对中整平仪器,设置盘左观测。观测者面向要测量的角度方向,将全站仪瞄准观测者左侧方向的棱镜中心,水平角度置零,按测距键测距,将角度和距离记录到表 3-2 中。

(2)将全站仪瞄准观测者右侧方向的棱镜的中心,读取角度、按测距键测距记录到表 3-2 中。右侧方向的水平角读数减去左侧方向的为此点处盘左观测的内角值。

(3)倒转望远镜,设置盘右观测。瞄准观测者右侧方向的棱镜的中心,读取角度、按测距键测距记录到表 3-2 中,盘左盘右测量距离的平均值为右侧边的距离。

(4)将全站仪瞄准观测者左侧方向的棱镜的中心,读取角度、按测距键测距记录到表 3-2 中。右侧方向的水平角读数减去左侧方向的为此点处盘右观测的内角值,盘左盘右测量距离的平均值为左侧边的距离。

(5)盘左观测的内角值与盘右观测的内角值之差应小于 20″,否则应重新观测。每一边均应往返测距离,其相对误差在平地区不大于 1:10000,山区不大于 1:5000。

水平角和水平距离测量观测记录手簿示例   表 3-2

日期：_____   仪器：_____   观测：_____
天气：_____   地点：_____   记录：_____

测站	盘位	目标	度盘读数 (° ′ ″)	半测回角值 (° ′ ″)	半测回角值之差 (″)	一测回角值 (° ′ ″)	角度草图	水平距离 (m)	水平距离(m) 及相对误差
A_{11}	左	A_{12}	0 0 0	239 31 59	8	239 31 55	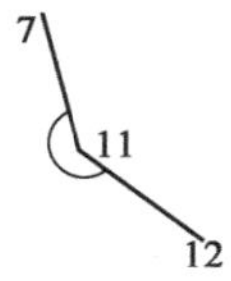	103.761	$D_{A_{11}-A_7}=81.728$
		A_7	239 31 59					81.727	$\Delta D_{A_{11}-A_7}=0.0035$
	右	A_{12}	180 00 03	239 31 51				103.758	$K_{A_{11}-A_7}=1/23300$
		A_7	39 31 54					81.729	$\overline{D}_{A_{11}-A_{12}}=103.7595$
A_{12}	左	A_{13}	0 0 0	51 57 38	12	51 57 44	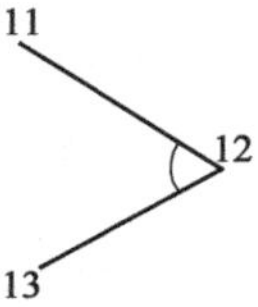	86.598	$\overline{D}_{A_{12}-A_{11}}=103.7575$
		A_{11}	51 57 38					103.758	$\Delta D_{A_{12}-A_{11}}=0.002$
	右	A_{13}	180 00 39	51 57 50				86.597	$K_{A_{12}-A_{13}}=1/51800$
		A_{11}	231 58 29					103.757	$\overline{D}_{A_{12}-A_{13}}=86.5975$

2. 联测

联测的目的是使选定的导线网与已知高级控制网相连,纳入国家统一坐标系统或建立独立平面直角坐标系。依据图根导线测量标准和方法,通过与高级控制点联测,确定 1 号点坐标,以及 1~2 号点的方位角。

利用全站仪观测本导线网某条边已知控制点的连接角和连接边,计算导线起始点坐标和起始方位角,将已知坐标数据传递到控制点上。连接角和连接边按照上述方法观测两个测回,第一测回开始置零,第二测回开始置 90°。两测回内角值互差应小于 20″,角度和距离取两个测回的平均值。

3. 内业计算

1)联测计算

(1)一般规定

利用已知点 P、T(图 3-2)平面坐标反算 P—T 的方位角。如图 3-3 所示,结合测出的连接角计算 P—1 的方位角和边 1—2 的方位角,结合测出的 P—1 的距离利用坐标正算计算出 1 号点的坐标。

a)P点   b)T点

图 3-2　已知控制点

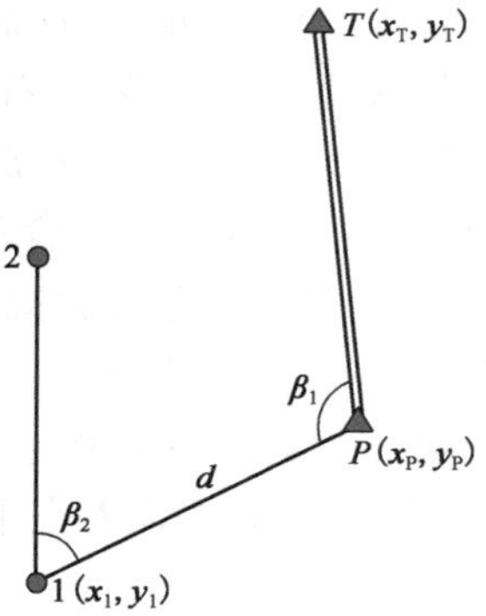

图 3-3　联测示意图

各组组长起算数据利用已知数据,其他组员 P 点起算数据不变,T 点起算数据规定如下:

$$N = N_{组长} + 队号(1\ 位)(整数)$$
$$E = E_{组长} + 班序号(后\ 2\ 位)(整数)$$

数字测图控制点数据以组长计算结果为准。

(2)计算步骤

计算步骤如下:

①根据 P、T 点坐标,利用坐标反算推算 T—P 方位角,再结合观测的夹角 β_1 计算出 P—1 的方位角。

②根据 P 点的坐标、β_2 以及 P—1 距离 d,利用坐标正算,推算 1 点坐标。

③利用 P—1 的方位角和观测的夹角 β_2,计算出 1—2 边方位角。

导线测量的主要技术指标见表 3-3,导线计算示例见表 3-4。

图根导线测量的主要技术指标 表 3-3

导线长度 (m)	相对闭合差	测角中误差(″)		方位角闭合差(″)	
		首级控制	加密控制	首级控制	加密控制
$a \cdot M$	$\leq 1/(2000 \times a)$	20	30	$40\sqrt{n}$	$60\sqrt{n}$

注:1. a 为比例系数,取值宜为1,当采用1:500、1:1000 比例尺测图时,a 值可在 1~2 之间选用。

2. M 为测图比例尺的分母,但对于工矿区现状图测量,不论测图比例尺大小,M 应取值为500。

3. 施测困难地区导线相对闭合差,不应大于 $1/(2000 \times a)$。

导线计算示例 表 3-4

点号	观测角 (右角)	改正后的角度	坐标方位角	边长 (m)	坐标增量计算值 (m)		改正后的坐标增量 (m)		坐标 (m)		备注
					Δx	Δy	$\Delta x'$	$\Delta y'$	x	y	
1	2	3	4	5	6	7	8	9	10	11	12
1			132°50′	129.341	+0.023 −87.935	−0.011 +94.850	−87.912	94.840	500.000	500.000	
2	+15″ 73°00′ 12″	73°00′ 27″	239°49′ 33″	80.183	+0.014 −40.302	−0.007 +69.318	−40.288	−69.325	412.088	594.840	
3	+15″ 107°48′ 30″	107°48′ 45″	312°00′ 48″	105.258	+0.019 70.450	−0.009 −78.206	70.468	−78.214	371.800	525.515	
4	+15″ 89°36′ 30″	89°36′ 45″	42°24′ 03″	78.162	+0.014 57.718	−0.006 52.706	57.732	52.699	442.268	447.301	
1	+15″ 89°33′ 48″	89°34′ 03″	132°50′						500.000	500.000	
2											
Σ	359°59′	360°		392.944	−0.069	0.032	0.000	0.000			

续上表

点号	观测角（右角）	改正后的角度	坐标方位角	边长（m）	坐标增量计算值（m）		改正后的坐标增量（m）		坐标（m）		备注
					Δx	Δy	$\Delta x'$	$\Delta y'$	x	y	
辅助计算	$\sum \beta_测 = 359°59'$ $f_{\beta容} = \sum \beta_测 - (n-2) \times 180 = -1'$ $f_{\beta容} \pm 40\sqrt{n}'' = \pm 80''$				$f_x = -0.069$　$f_y = +0.032$　$f = \sqrt{f_x^2 + f_y^2} = 0.076$ $\sum D = 392.944$　$K = \dfrac{0.076}{392.944} \approx \dfrac{1}{5100} < \dfrac{1}{4000}$						

2）导线计算

（1）计算内角和角度闭合差，角度闭合差绝对值应小于 $40\sqrt{n}''$。将角度闭合差反符号平均分配到各内角上去，对内角观测值进行改正；若不能均分，可将短边角多分配 $1''$，或长边角少分配 $1''$。

$$|f_\beta| = \left| \sum \beta - (n-2) \times 180° \right| \leqslant \pm 40\sqrt{n}'' \tag{3-1}$$

（2）利用边 1—2 的方位角和各改正后的内角，依次计算出导线各边的方位角。如图 3-4 所示，α_{12} 为起始方位角。图 3-4a）中 β_2 转折角为右角，则边 2—3 的坐标方位角为

$$\alpha_{23} = \alpha_{12} + 180° - \beta_2 \tag{3-2}$$

因此用右角推算方位角的一般公式为

$$\alpha_前 = \alpha_后 - \beta_右 \pm 180° \tag{3-3}$$

式中：$\alpha_前$——前一条边的方位角；

$\alpha_后$——后一条边的方位角。

图 3-4b）中 β_2 为左角，则方位角的一般式为

$$\alpha_前 = \alpha_后 + \beta_左 \pm 180° \tag{3-4}$$

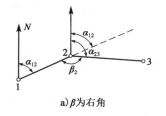
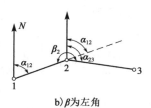

a）β 为右角　　　　　　　　　　　　b）β 为左角

图 3-4　坐标方位角推算图

若计算出的方位角大于 360°，则应减去 360°；若出现负值，则应加上 360°。

（3）利用观测边长距离和各边的方位角，计算出各边的坐标增量。计算各边的 x 增量之和、各边的 y 增量之和。由于是闭合路线，所以理论上 x 的增量之和为零，y 的增量之和为零。但距离和角度存在测量误差，故存在 x、y 方向的闭合差 f_x 和 f_y。导线全长闭合差 f 为

$$f = \sqrt{f_x^2 + f_y^2} \tag{3-5}$$

（4）利用 f_x 和 f_y 计算导线全长闭合差，其与导线全长 $\sum D$ 的比值为导线全长的相对闭合差 K，其值应满足表 3-3 中相应要求，否则要进行重测。

$$K = \frac{f}{\sum D} = \frac{1}{\dfrac{\sum D}{f}} \tag{3-6}$$

（5）K 满足相应要求后，将 f_x 和 f_y 按照各边长度与导线总长度成比例反符号分配到各 x 增量和 y 增量中，得到各改正后的增量，见式（3-7）。

$$\begin{cases} V_{\Delta x_{i,i+1}} = -\dfrac{f_x}{\sum D} D_{i,i+1} \\[3mm] V_{\Delta y_{i,i+1}} = -\dfrac{f_y}{\sum D} D_{i,i+1} \end{cases}$$

$$\Delta \hat{x}_i = \Delta x + V_{\Delta xi}$$

$$\Delta \hat{y}_i = \Delta x + V_{\Delta yi} \tag{3-7}$$

（6）最后利用 1 号点的坐标，按式（3-8）依次计算出各控制点坐标。

$$\begin{cases} x_B = x_A + \Delta x_{AB} \\ y_B = y_A + \Delta y_{AB} \end{cases} \tag{3-8}$$

第四节 GNSS 静态控制测量

选取 5 个控制点，采用 3 台 GNSS 接收机，采用点连式施测，具体外业操作方法和数据处理过程详见第二章第九节。

第五节 高 程 联 测

已知高程基准点为 BM1 点，要求 BM1 到 1 号点往返测，可以先往测也可以先返测，采用四等水准测量，每位学生均需进行一个往返测。

1. 具体要求

（1）每位学生观测的往返闭合差 f_h 应满足 $|f_h| \leqslant \pm 6\sqrt{n}$ mm，n 为往返测总站数。

（2）每组高差中误差 $m = \pm \sqrt{\dfrac{[vv]}{(n-1)}}$ 应满足 $|m| \leqslant \pm 5$ mm，n 为组员数。中误差 m 满足要求后，高差取全组平均值。

2. 中误差 m 计算方法

假设本组有 7 个组员，中误差 m 计算方法为

$$h_1 = \frac{h_{\text{BM1-1}} + h_{\text{1-BM1}}}{2}（\text{第一位学生的返测平均值}）$$

$$h_2 = \frac{h_{BM1-1} + h_{1-BM1}}{2}（第二位学生的往返测平均值）$$

$$\cdots$$

$$h_7 = \frac{h_{BM1-1} + h_{1-BM1}}{2}（第七位学生的往返测平均值）$$

$$\overline{h} = \frac{h_1 + h_2 + \cdots + h_7}{7}（七位学生数据的平均值）$$

$$v_1 = h_1 - \overline{h}$$

$$v_2 = h_2 - \overline{h}$$

$$\cdots$$

$$v_7 = h_7 - \overline{h}$$

$$[vv] = v_1^2 + v_2^2 + \cdots + v_7^2$$

$$m = \pm\sqrt{\frac{[vv]}{7-1}} \tag{3-9}$$

第六节　三角高程测量控制测量

在所有选定的导线点上，用全站仪进行三角高程测量，导线和三角高程测量外业观测同时进行。三角高程测量原理如图 3-5 所示，由图 3-5 可知

$$h = D'\sin\alpha + i - j$$

$$H_B = H_A + D\tan\alpha + i - j \ 或 \ H_B = H_A + D'\sin\alpha + i - j \tag{3-10}$$

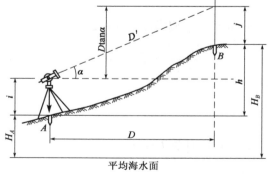

图 3-5　三角高程测量原理

三角高程测量步骤如下:

(1)安置仪器于测站,量仪器高i,读数至毫米位;竖立棱镜于测点,量取棱镜高度j,读数至毫米位。

(2)用全站仪采用测回法观测竖直角一个测回,前后半测回之间的较差及指标差若符合表3-5中的规定,则取其平均值作为最后的结果。

(3)计算高差及高程。采用对向观测法且对向观测高差较差符合表3-5要求时,取其平均值作为高差结果,将数据记录于表3-6中。

图根电磁波测距三角高程测量的主要技术 表3-5

每千米高差中误差（mm）	附合路线长度（km）	仪器精度等级	中丝法测回数	指标差较差（"）	垂直角较差（"）	对向观测高差较差（mm）	附合或环形闭合差（mm）
20	≤5	6"级仪器	2	25	25	$80\sqrt{D}$	$40\sqrt{\sum D}$

注:D为电磁波测距边的长度,km。

导线与三角高程测量记录手簿 表3-6

测站	仪器高（m）	目标	棱镜高（m）	盘位	水平度盘读数（° ′ ″）	2C（"）	水平角值（° ′ ″）	竖盘读数（° ′ ″）	指标差（"）	竖直角（° ′ ″）	斜距（m）	平距（m）	高差（m）
				L									
				R			平均值						
				L									
				R									
				L									
				R			平均值						
				L									
				R									

注:2C为两倍照准差。

(4)闭合三角高程的内业计算。

①将观测数据填入表3-7。

②利用式(3-11)计算高差闭合差f_h(mm)。

$$|f_h| = \sum h \leq 40\sqrt{\sum D} \tag{3-11}$$

式中:D——边长(平距),km。

③高差闭合差的调整(反符号按平距成比例分配)。

④依次计算各点高程。

三角高程测量平差表 表 3-7

计算： 检核： 班/组：

点名	高差/平距往返测观测值(m)				平距往返测		高差对向观测			高差改正值（mm）	改正后的高差（mm）	最终高程（m）	备注
	往测高差	往测平距	返测高差	返测平距	平均值（m）	相对误差	平均值（m）	较差（mm）	较差允许值（mm）				
Σ													

精度评定：

第七节 图根水准测量

在选定的控制点上，采用闭合水准路线，用 DS₃ 水准仪进行图根水准测量，利用已知点 P 的高程与 1 号控制点联测。

1. 外业工作

（1）水准仪尽量安置在地质条件较好的位置，使前后视距离大致相等，注意消除视差。

（2）水准仪操作步骤：安置仪器、粗平、瞄准、精平、读数。

（3）计算必须在每个测站完成,确认满足表2-3和表3-8中的主要技术要求后,再迁站。

（4）转点必须放尺垫,控制点不能放尺垫。

（5）每两个相邻的控制点之间为一测段,两相邻控制点之间所有站的高差之和为此测段的高差,即这两个控制点的观测高差。

从水准仪观测的主要技术要求满足表2-3,图根水准测量的主要技术要求满足表3-8。

图根水准测量的主要技术要求 表3-8

每千米高差全中误差（mm）	附合路线长度（km）	水准仪级别	视线长度（m）	观测次数		往返较差、附合或环线闭合差（mm）	
				附合或闭合路线	支水准路线	平地	山地
20	≤5	DS_{10}	≤100	往一次	往返各一次	$40\sqrt{L}$	$12\sqrt{n}$

注:1. L 为往返测段、附合或环线的水准路线的长度,km;n 为测站数。

2. 水准路线布设成支线时,路线长度不应大于2.5km。

2. 高程测量方案

（1）外业施测

①从1～17号点,测一闭合四等水准路线,可以从任意水准控制点开始,按照顺时针或者逆时针连续观测,最终的站数和应为偶数站。

②利用已知点 P 的高程与1号控制点联测。观测结果往返较差应小于 $6\sqrt{n}$ mm,n 为往返测站数之和。

（2）内业计算

绘制水准线路图,将已知及观测高差填入计算表。计算水准路线的高差闭合差并进行高差闭合差的分配,最后计算各点的高程。

①利用式(3-12)计算高差闭合差。

$$f_h = \sum h_{测} \tag{3-12}$$

②计算水准测量高差闭合差的容许值。

四等水准测量高差闭合差的容许值为

平地

$$f_{h容} = 20\sqrt{L} \tag{3-13}$$

山地

$$f_{h容} = 6\sqrt{n} \tag{3-14}$$

式中:$f_{h容}$——容许闭合差,mm;

　　　L——水准路线长度,km。

　　　n——测站数。

当 $|f_h| < |f_{h容}|$ 时,说明水准测量的成果合格,可进行高差闭合差的分配。否则应查明原因并进行重测,直到结果符合要求为止。

③分配高差闭合差。对于闭合和附合水准路线,将高差闭合差按测段长度 L 或测站数 n 与总长度或者总站数成比例反符号分配到各段高差上,使改正后的高差之和满足理论值。

④计算各点的高程。用改正后的高差,计算各待定点的高程。

第八节　大比例数字地形图的测绘

1.任务概述

数字测图的主要任务为测绘 1:2000 地形图,采用全站仪和 GNSS-RTK 方法采集碎部点,采用南方 CASS 软件绘制数字地形图。数字测图步骤如图 3-6 所示,作业模式见图 3-7。对于草图法测图,一般生产单位的人员配置为:全站仪观测员 1 人,草图员(也称为领尺员)1~2人,跑尺员 1~3 人,内业软件绘图 2 人。观测员和草图员是小组核心成员。

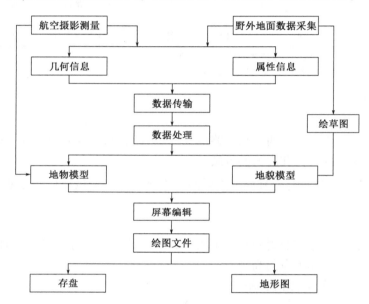

图 3-6　数字测图步骤

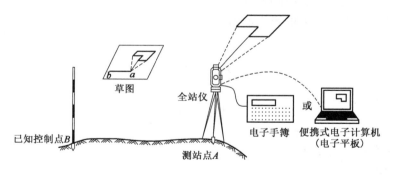

图 3-7　数字测图的作业模式

2.外业数据采集

全站仪测图的方法可采用编码法、草图法或内外业一体化的实时成图法等。草图法外业数据采集的步骤如下。

(1)仪器安置。在控制点上安置全站仪,进行对中、整平,量取仪器高。对中偏差应不大于 5mm,仪器高和棱镜高的量取应精确至 mm 位。

(2)测站设置。安置好全站仪后,进行测站设置(初次使用还需要进行项目设置),即将测站点坐标值、仪器高和棱镜高输入到全站仪。

(3)后视定向。设置好测站后,用照准仪瞄准后视已知点进行定向,即把后视点坐标值输入仪器并进行精确瞄准定向,注意应选择较远的图根控制点作为测站的定向点。然后测定一图根控制点坐标和高程,作为测站检核。检核点的平面位置较差不应大于 5cm,高程较差不应大于 10cm。

(4)测定碎部点。用全站仪瞄准碎部点上的棱镜并进行观测,即可直接获得碎部点的三维坐标。将其保存全站仪中,并依次测量其他碎部点。

(5)草图绘制。除采集碎部点的坐标高程外,野外数据采集还应在野外绘制草图,即在工作草图上记录地形要素名称和碎部点连接关系。在室内根据工作草图,采用人机交互方式连接碎部点绘制成地形图。如果条件允许,也可在现场直接成图。

(6)迁站。在一个测站上将测站四周所有可测的碎部点观测完毕,经过全面检查无误和无遗漏后,即可迁至下一控制点架站,重新按上述方法、步骤进行施测。

(7)加密控制点。在现有控制点架站测不到的区域,可以利用后方交会加密控制点[图 3-8a)]施测。在待定点 P 架设测站,输入已知点 A 和 B 的坐标(x_A, y_A)、(x_B, y_B),分别瞄准 A、B,测出距离 a、b 和水平角 $\angle APB$,求解 P 点的坐标。后方交会计算过程为

令

$$\beta = \sin^{-1} \frac{b\sin\alpha}{\sqrt{(x_B - x_A)^2 + (y_B - y_A)^2}}$$

$$\gamma = \sin^{-1} \frac{a\sin\alpha}{\sqrt{(x_B - x_A)^2 + (y_B - y_A)^2}}$$

则

$$\alpha_{AP} = \alpha_{AB} \pm \beta$$

$$\alpha_{BP} = \alpha_{BA} \pm \gamma$$

$$\alpha_{AB} = \tan^{-1} \frac{y_B - y_A}{x_B - x_A}$$

因此

$$x_{P1} = x_A + a\cos\alpha_{AP}$$

$$y_{P1} = y_A + a\sin\alpha_{AP}$$

$$x_{P2} = x_B + b\cos\alpha_{BP}$$

$$y_{P2} = y_B + b\sin\alpha_{BP}$$

同时可以根据三角高程测量原理解求出 P 点高程。

也可以测一个碎部点作为测站点转站[图 3-8b)],但测出的碎部点精度会降低。

(8)在全站仪测不到的区域,若区域合适可以利用 GNSS-RTK 测量。

(9)应注意的事项有:

①在每次观测时,应检查管气泡是否居中。重新对中、整平后,应重新定向。

②立镜人员应将棱镜杆立直,并随时观察立尺点周围地形,查清碎部点间关系。地形复杂时,还需协助草图绘制人员绘制草图。

③一测站工作结束时,应检查有无地物、地貌遗漏。确认无遗漏后,方可迁站。

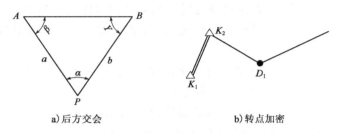

a)后方交会   b)转点加密

图 3-8　控制点加密

3. GNSS-RTK 碎部点数据采集

利用 GNSS-RTK 测定碎部点的作业步骤为基准站设置、流动站设置、碎部点的数据采集(包括外业草图的绘制)。

(1)设置电台式 GNSS-RTK 碎部点数据采集,具体采集方法详见实验九。

(2)基于网络连续运行参考站系统(Continuously Operating Reference System,CORS)的 GNSS-RTK 碎部点数据采集。

以中海达 GNSS 接收机为例,利用千寻 CORS 数据介绍用户移动站的设置和测量方法。

GNSS 接收机开机,设置为移动站模式。打开 GNSS 手簿,此 GNSS 手簿安装的是安卓系统,连接 Wi-Fi 或者移动网络热点,打开蓝牙。打开 Hi-Survey Road,在设备菜单,点击设备连接,利用蓝牙连接 GNSS 手簿和 GNSS 接收机。

在项目菜单新建项目,设定坐标系统,包括设置目标椭球、投影方式,测点所在区域的中央子午线、东坐标加常数等。

打开移动站菜单,设置移动站,数据链设为手簿差分,服务器选 CORS,点选择,选取提供 CORS 信号的服务器;源节点设为 RTCM32_GGB,然后输入用户名和密码,连接基站服务器信号。连接成功后,点测量精度可达到毫米级。

可进行单点测量;也可以对单点进行平滑连续测量取平均值;也可以设定时间间隔,进行自动测量,采集移动轨迹;也可以进行放样测量。

4. 数据传输

(1)全站仪数据传输。数据传输的方式有数据线、存储卡、蓝牙连接等。

(2)GNSS 数据传输。以中海达 GNSS 接收机为例,导出手簿测量数据流程为:

查看测量坐标点→从 Hi-Survey 软件里导出文件→从手簿内存里把文件传输到电脑。

①查看测量坐标点。点击【坐标数据】—【坐标点】测量坐标点数据,如图 3-9 所示。

②从 Hi-Survey 软件里导出文件。

点击【数据交换】—【原始数据】,选择【导出】选择文件类型,输入文件名,点击【确定】,如图 3-10 所示。应注意,默认路径是手簿内存/ZHD/Out。

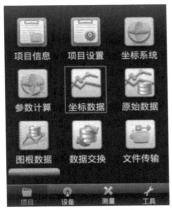

a)点击【坐标数据】

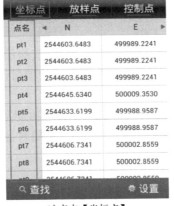

b)点击【坐标点】

图 3-9 查看测量坐标点

图 3-10 导出坐标数据

（3）从手簿内存里把文件传输到电脑上。用 USB 线连接电脑,手簿上打开 USB 储存,电脑上会显示两个可移动磁盘,将 Hi-Survey 数据导入导出默认路径,把导出文件拷贝到电脑上。

5. 数字测图内业

数字测图软件的操作界面采用屏幕菜单和对话框进行人机交互操作,完成数据处理、图形编辑、图幅整饰、图形输出以及图形管理。国内常用的数字测图软件有:南方 CASS 软件、清华山维 EPSW 测绘系统、武汉瑞得 RDMS 数字测图系统等。本书介绍南方 CASS 软件(简称CASS)进行数字测图内业工作的操作步骤。

1)CASS 的操作界面

如图 3-11 所示为 CASS11 的主操作界面,包括屏幕顶部下拉菜单(专用工具菜单)、通用工具条、左侧专业快捷工具条、右侧菜单区、底部提示区和图形编辑区等。

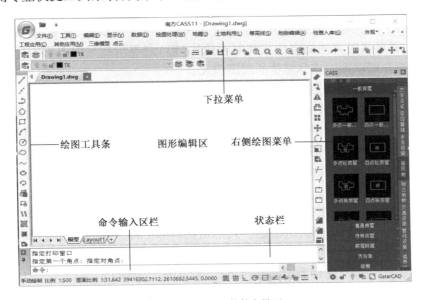

图 3-11 CASS11 软件主界面

下拉菜单区汇集了 CAD 的图形绘制"工具""编辑""显示"等项,及 CASS 所增加的"数据处理""绘图处理""等高线""地物编辑""地籍图纸管理"项目,可完成图形的显示、缩放、删除、修剪、移动、旋转和绘地形图等工作。

右侧菜单区是一个测绘专用交互绘图菜单,控制点、居民地、道路、管线、水系、植被等图式符号均放在其中,使用时只需用鼠标直接点击所需要的项目,根据屏幕测点点号和外业草图即可将符号绘制在屏幕上。

图形编辑区显示所绘图形,可在此区用各种编辑功能对图形进行编辑加工。命令区是 AutoCAD 的命令提示区,在图形进行编辑的过程中,要随时注意此区中所给出的提示,只有按提示要求输入相应的命令内容后才可完成一个操作。

2) 数据输入

CASS 软件是南方测绘公司在 AutoCAD(简称 CAD)基础上开发的数字绘图软件。由于测量坐标系与 CAD 坐标系不一致,在将数据导入绘图软件之前,需将点位调整为:

点号,　,　东坐标,　　北坐标,高程

1,　,　1234.56,　6543.21,123.4

2,　,　2345.67,　7654.32,234.5

然后存储为 TXT 格式的文本文件,并将扩展名改为.dat。

数据的编辑可通过 CASS 的【数据】菜单实现。一般采用读取全站仪数据的方式,也可通过测图精灵和手工输入原始数据。

使用数据线连接全站仪与电脑后,在 CASS11【数据】菜单下选择【读取全站仪数据】子菜单。在弹出的对话框中选择相应的仪器类型,并设置与全站仪一致的通信参数(通信口、波特率、校验、数据位、停止位),勾选【联机】复选框,在对话框最下面的【CASS 坐标文件】中输入文件名,点击【转换】,即可将全站仪里的数据转换成标准的 CASS 坐标数据。

也可用 USB 闪存盘(简称 U 盘)或者蓝牙将数据导出。

3) 绘制地物

对于图形的生成,CASS 软件提供了草图法、简码法、电子平板法、数字化仪录入法等多种成图作业方式,并可实时将地物定位点和邻近地物(形)点显示在当前图形编辑窗口中,操作简便。本书主要介绍草图法点号定位的成图模式。

(1)定显示区,展野外测点点号

定显示区就是通过坐标数据文件中的最大、最小坐标定出屏幕窗口的显示范围。

如图 3-12 所示,鼠标单击【绘图处理】项,然后选择【定显示区】,输入坐标数据文件名,即完成定显示区。随后鼠标移至【绘图处理】项,在下拉菜单中,选择【展野外测点点号】,便可将碎部点展到屏幕上。

(2)绘平面图

根据野外作业时绘制的草图,移动鼠标至屏幕右侧菜单区选择相应的地形图图式符号,然后在屏幕中将所有的地物绘制出来。

4) 绘制等高线

(1)建立数字地面模型(构建三角网)

数字地面模型(Digital Terrain Model,DTM)是在一定区域范围内规

图 3-12　展野外测点点号

则格网点或三角网点的平面坐标(x,y)和其地物性质的数据集合,如果

此地物性质是该点的高程 z，则此数字地面模型又称为数字高程模型（Digital Elevation Model，DEM）。在使用 CASS 自动生成等高线时，应先建立数字地面模型。

①展高程点。先定显示区及展点。定显示区的操作与点号定位法工作流程中的定显示区的操作相同。展点时可选择【绘图处理】菜单下的【展高程点】选项，将会弹出数据文件的对话框，找到相应文件后选择【确定】，命令区将提示，"注记高程点的距离（米）"。根据规范要求输入高程点注记距离（即注记高程点的密度），按 Enter 键默认为注记全部高程点的高程。这时，所有高程点和控制点的高程均自动展绘到图上。

②建立 DTM 模型。用鼠标左键点取【等高线】菜单下【建立 DTM】，弹出如图 3-13 所示对话框。首先选择建立 DTM 的方式，分为两种方式：由数据文件生成和由图面高程点生成。如果选择由数据文件生成，则在坐标数据文件名中选择坐标数据文件；如果选择由图面高程点生成，则在绘图区选择参加建立 DTM 的高程点。三种结果显示形式可供选择：显示建三角网结果、显示建三角网过程和不显示三角网。最后选择在建立 DTM 的过程中是否考虑陡坎和地性线。点击确定后生成如图 3-14 所示的三角网。

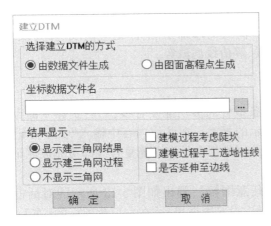

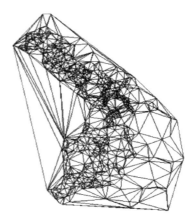

图 3-13　选择建模高程数据文件图　　　　图 3-14　用 DGX. DAT 数据建立的三角网

（2）修改数字地面模型（修改三角网）

一般情况下，由于地形条件的限制，在外业采集的碎部点很难一次性生成理想的等高线，如楼顶上的点。另外还因现实地貌的多样性和复杂性，自动构成的数字地面模型与实际地貌不太一致，此时可通过修改三角网来修改局部不合理的地方。

CASS 软件提供的修改三角网的功能有：删除三角形、过滤三角形、增加三角形、三角形内插点、删三角形顶点、重组三角形和删三角网。三角网修改完成后，选择【等高线】菜单中的【修改结果存盘】项，将修改后的数字地面模型存盘，否则修改无效。当命令区显示"存盘结束"时，表明操作成功。

（3）绘制等高线

用鼠标左键点击【等高线】—【绘制等高线】，设定合适的等高距，使等高线不能过密也不能过稀，根据需要完成对话框的设置（图 3-15）。点击确定按钮，则系统自动绘制出等高线（图 3-16），最后选择【等高线】菜单下的【删三角网】。

图 3-15　绘制等高线菜单　　　　　　图 3-16　等高线示意图

（4）等高线的修饰

等高线绘制完成后,常需要注记曲线高程,另外还需要切除穿过建筑物、双线路、陡坎、高程注记等的等高线。CASS 软件提供了以下等高线的修饰功能:注记等高线、等高线修剪、切除指定二线间等高线、切除指定区域内等高线、等值线滤波等。

5）数字地形图的整饰与输出

（1）添加注记

首先在需要添加文字注记的位置绘制一条拟合的多功能复合线,然后鼠标左键点取右侧屏幕菜单的"文字注记"项,弹出如图 3-17 所示的界面。在注记内容中输入"文字注记",并选择注记排列和注记类型,输入文字大小,选择绘制的拟合的多功能复合线即可完成注记。

（2）加图框

用鼠标左键点击【绘图处理】菜单下的【任意图幅】,弹出如图 3-18 所示的对话框。输入图幅的名字、邻近图名、测量员、制图员、审核员,设置图框尺寸,在左下角坐标的【东】、【北】栏内输入图框左下角相应坐标,或者点击右侧箭头在图上拾取图框左下角位置,将地形图框选起来,设置图框大小。在【删除图框外实体】前打勾则可删除图框外实体,按实际要求选择。最后用鼠标单击【确定】即可。

图 3-17　文字注记界面　　　　　　图 3-18　图框设计界面

（3）图形修饰

修饰地形图,最后加图框选用 A3 图幅出图,主要要求如下。

①不得遗漏地物。在保证精度的前提下,需对地物作必要的修饰,以使其更美观。

②以合理的等高距绘制等高线。

③地形图中不得有线与线、标注与线、标注与标注重叠的情况,如有需要打断或者挪移标注。

④绘制完成后打印图纸时,图面只保留地物、等高线、标注、控制点、图框和部分高程点（均匀分布,稀疏合理）等,其他层均应关掉。

（4）图形数据输出

地形图绘制完毕后,可采用以下多种方式输出。

①打印输出:【图幅整饰】—【连接输出设备】—【输出】。

在命令栏中输入 units,设置图形单位为 m[图 3-19a)]。如果地形图的比例尺是 1∶2000,它的单位是 1mm,对应的实际地面长度应是 2m。打印比例尺选择 1∶2。

测量所绘地形图的长和宽,根据比例计算打印纸的长度和宽度,选择合适尺寸的打印纸打印图纸[图 3-19b)];若一张纸打印不下,可以将地形图分幅打印。

a) 设置图形单位

b) 打印输出界面

图 3-19　图形数据输出

②转入 GIS:输出 Arcinfo、Mapinfo、国家空间矢量格式。

③其他交换格式:生成 cass 交换文件(*.cas)。

第九节　测量仪器操作考核

实习结束后指导老师将以实习小组为单位,组织仪器操作考核。考核地点设置考试区和等待区。操作考核方案与注意事项如下。

（1）每组需要携带全站仪及脚架、水准仪及脚架、记录板、计算器、笔等。全站仪应提前充电,并设置好各项参数。

（2）各班班长和学委提前 20 分钟到达考核地点，协助布置考场。

（3）考核要求。每组第一位学生在考试区考试（优先使用自己组仪器考试，其他小组考完空出来的仪器才可以使用），其余学生在等待区领表等待。考试时间限制为全站仪 20 分钟，水准仪 15 分钟，超时将强制结束。

（4）每组一半学生先考全站仪，另一半学生先考水准仪，考完交换。

（5）操作顺序。①于考官处领表，考官填写开始时间。②考生开始观测、记录、计算，仪器装箱，收脚架，交表。③考官检查仪器脚架恢复初始状态，填写结束时间，收表。④考生离开考试区。

（6）考核过程观测、记录、计算均为一人，其他人不得参与，否则考核成绩无效并取消考试资格。

（7）满分 100 分。考核不及格者可以在最后补考，补考成绩最高为 70 分。

（8）考核结束后，各小组将所有仪器设备及其附件拿到仪器室检查归还。

第四章

考核与评价

第一节　资料提交要求

1.资料提交清单

实习结束后,应提交的资料清单如下。

(1)水准测量计算表(每人1份)。

(2)导线计算表(每人1份)。

(3)GNSS静态控制测量平差报告(每人1份)。

(4)打印地形图(每人1份)。

(5)水准记录和导线记录必须在现场请老师改正,每小组集中上交。

(6)各组外业观测记录表、草图等(每组1份)。

(7)实习报告采用统一封面,内容用A4纸手写或者打印,地形图用A3纸打印,将计算表和图纸置于实习报告后面统一侧面用订书机装订。

2.实习报告

实习报告应包含以下内容。

（1）测量实习的目的和意义。

（2）实习时间、地点。

（3）实习的内容、方法、技术要求及成果。

①平面控制测量（附件1：导线坐标计算表）。

②高程控制测量（附件2：水准高程计算表，附件3：三角高程计算表）。

③GNSS静态控制测量（附件4：GNSS静态数据处理平差报告）。

④碎部测量（附件5：地形图）。

⑤测量实习心得体会。

⑥对本次测量实习的建议与意见。

第二节　考核方法与标准

根据学生的操作技能、内业计算、成果整理、最终PPT展示汇报和实习报告等成果，并综合考虑实习态度、遵守纪律、爱护仪器工具和小组协作等情况，综合评定实习成绩，分为优、良、中、及格、不及格五个等级。

1. 分数组成

实习成绩＝平常表现＋实习评价。

平常表现包括实习表现和野外测得的数据质量；实习评价包括水准仪、全站仪、GNSS操作以及内业计算、数字绘图质量检核、实习报告评定等。

最终成绩划分：优秀（90～100分），良好（80～89分），中等（70～79分），及格（60～69分），不及格（0～59分）。

2. 等级评分标准

（1）优秀（90～100分）

遵守纪律，团结协作，态度认真负责，积极性高，有着非常明确的实习目的和可行性高的实习计划。仪器操作非常熟练，表格数据记录完整准确，数据处理及时精确。能够很好地完成实践任务，满足实习大纲规定的各项要求，体现出良好的沟通能力、理论与实践相结合的能力和分析解决问题的能力。

（2）良好（80～89分）

遵守纪律，团结协作，实习目的较为明确，实习计划较为可行。仪器操作比较熟练，数据处理准确，实习任务可以较好地完成，符合实习大纲规定的要求，体现出理论与实践相结合的能力和分析解决问题的能力。

（3）中等（70～79分）

遵守纪律，团结协作，实习目的基本明确，有实习计划。基本可以完成仪器操作，数据处理比较准确。能够完成实习任务，满足实习大纲规定的大多数要求，体现出一定的理论与实践相结合的能力和分析解决问题的能力。

（4）及格（60～69分）

基本遵守纪律，能够与他人合作，可以进行仪器操作和数据处理，基本完成了实习的主要任务,符合实习大纲规定的基本要求。但理论与实践相结合的能力有待提高。

(5)不及格(0~59分)

无法完成实习任务,无视实习纪律,三分之一以上的时间没有参加实习。实习目的不明确,无法独立完成仪器操作、记录和数据处理。实习报告或者数字地形图非独立完成,而是复制他人的或从网上下载的。

参 考 文 献

[1] 陈丽华.测量学实验与实习[M].杭州:浙江大学出版社,2011.

[2] 刘星,吴斌.工程测量实习与题解[M].3版.重庆:重庆大学出版社,2023.

[3] 杨鹏源.工程测量实践指导教程[M].北京:化学工业出版社,2012.

[4] 宁永香.道路工程测量实践教程[M].西安:西安交通大学出版社,2014.

[5] 程效军,刘春,楼立志.测量实习教程[M].2版.上海:同济大学出版社,2014.

[6] 叶国仁.测量实习指导书[M].武汉:武汉大学出版社,2014.

[7] 付建红.数字测图与GNSS测量实习教程[M].武汉:武汉大学出版社,2015.

[8] 臧立娟,王民水.测量学实验实习指导[M].武汉:武汉大学出版社,2021.

[9] 李超.道路工程测量实验实习指导[M].北京:中国建筑工业出版社,2015.

[10] 刘燕萍.测量实验与实习指导教程[M].武汉:武汉大学出版社,2018.

[11] 张豪.土木工程测量实验与实习指导教程[M].北京:中国建筑工业出版社,2019.

[12] 刘蒙蒙,李章树,张璐.工程测量实验与实训[M].北京:化学工业出版社,2019.

[13] 吕靖,李晶晶.工程测量实验与实习[M].北京:石油工业出版社,2020.

[14] 胡伍生,朱小华.测量实习指导书[M].2版.南京:东南大学出版社,2021.

[15] 刘杰.工程测量实践指导书[M].天津:天津大学出版社,2022.

[16] 李志,夏小裕,余正昊,等.工程测量实验实习教程[M].北京:人民交通出版社股份有限公司,2023.

[17] 程海琴,马国正,聂启祥,等.测量学实践指导[M].成都:西南交通大学出版社,2023.

[18] 许娅娅,沈照庆,雒应.测量学[M].5版.北京:人民交通出版社股份有限公司,2020.

[19] 张驰,王建伟,沈照庆,等.公路BIM及设计案例[M].北京:人民交通出版社股份有限公司,2021.

[20] 中华人民共和国住房和城乡建设部.工程测量规范:GB/T 50026—2020[S].北京:中国计划出版社,2020.

[21] 全国地理信息标准化技术委员会.全球导航卫星(GNSS)测量规范:GB/T 18314—2024[S].北京:中国标准出版社,2024.

[22] 广州市中海达测绘仪器有限公司.Hi-Survey软件使用说明书[EB/OL].(2024-9-18)[2025-3-18].https://media.zhdgps.com/down/Hi-Survey%E8%BD%AF%E4%BB%B6E4%BD%BkF%E7%94%A8%E8%AF%B4%E6%98%8E%E4%B9%A6%20B30.pdf.